Wissenschaftliche Reihe Fahrzeugtechnik Universität Stuttgart

Herausgegeben von
M. Bargende, Stuttgart, Deutschland
H.-C. Reuss, Stuttgart, Deutschland
J. Wiedemann, Stuttgart, Deutschland

Das Institut für Verbrennungsmotoren und Kraftfahrwesen (IVK) an der Universität Stuttgart erforscht, entwickelt, appliziert und erprobt, in enger Zusammenarbeit mit der Industrie, Elemente bzw. Technologien aus dem Bereich moderner Fahrzeugkonzepte. Das Institut gliedert sich in die drei Bereiche Kraftfahrwesen, Fahrzeugantriebe und Kraftfahrzeug-Mechatronik. Aufgabe dieser Bereiche ist die Ausarbeitung des Themengebietes im Prüfstandsbetrieb, in Theorie und Simulation. Schwerpunkte des Kraftfahrwesens sind hierbei die Aerodynamik, Akustik (NVH), Fahrdynamik und Fahrermodellierung, Leichtbau, Sicherheit, Kraftübertragung sowie Energie und Thermomanagement – auch in Verbindung mit hybriden und batterieelektrischen Fahrzeugkonzepten.

Der Bereich Fahrzeugantriebe widmet sich den Themen Brennverfahrensentwicklung einschließlich Regelungs- und Steuerungskonzeptionen bei zugleich minimierten Emissionen, komplexe Abgasnachbehandlung, Aufladesysteme und -strategien, Hybridsysteme und Betriebsstrategien sowie mechanisch-akustischen Fragestellungen.

Themen der Kraftfahrzeug-Mechatronik sind die Antriebsstrangregelung/Hybride, Elektromobilität, Bordnetz und Energiemanagement, Funktions- und Softwareentwicklung sowie Test und Diagnose.

Die Erfüllung dieser Aufgaben wird prüfstandsseitig neben vielem anderen unterstützt durch 19 Motorenprüfstände, zwei Rollenprüfstände, einen 1:1-Fahrsimulator, einen Antriebsstrangprüfstand, einen Thermowindkanal sowie einen 1:1-Aeroakustikwindkanal.

Die wissenschaftliche Reihe „Fahrzeugtechnik Universität Stuttgart" präsentiert über die am Institut entstandenen Promotionen die hervorragenden Arbeitsergebnisse der Forschungstätigkeiten am IVK.

Herausgegeben von
Prof. Dr.-Ing. Michael Bargende
Lehrstuhl Fahrzeugantriebe,
Institut für Verbrennungsmotoren und
Kraftfahrwesen, Universität Stuttgart
Stuttgart, Deutschland

Prof. Dr.-Ing. Jochen Wiedemann
Lehrstuhl Kraftfahrwesen,
Institut für Verbrennungsmotoren und
Kraftfahrwesen, Universität Stuttgart
Stuttgart, Deutschland

Prof. Dr.-Ing. Hans-Christian Reuss
Lehrstuhl Kraftfahrzeugmechatronik,
Institut für Verbrennungsmotoren und
Kraftfahrwesen, Universität Stuttgart
Stuttgart, Deutschland

Matthias Zimmer

Durchgängiger Simulationsprozess zur Effizienzsteigerung und Reifegraderhöhung von Konzeptbewertungen in der Frühen Phase der Produktentstehung

Matthias Zimmer
Stuttgart, Deutschland

Zugl.: Dissertation Universität Stuttgart, 2015
D93

Wissenschaftliche Reihe Fahrzeugtechnik Universität Stuttgart
ISBN 978-3-658-11499-2   ISBN 978-3-658-11500-5 (eBook)
DOI 10.1007/978-3-658-11500-5

Die Deutsche Nationalbibliothek verzeichnet diese Publikation in der Deutschen Nationalbibliografie; detaillierte bibliografische Daten sind im Internet über http://dnb.d-nb.de abrufbar.

Springer Vieweg
© Springer Fachmedien Wiesbaden 2015
Das Werk einschließlich aller seiner Teile ist urheberrechtlich geschützt. Jede Verwertung, die nicht ausdrücklich vom Urheberrechtsgesetz zugelassen ist, bedarf der vorherigen Zustimmung des Verlags. Das gilt insbesondere für Vervielfältigungen, Bearbeitungen, Übersetzungen, Mikroverfilmungen und die Einspeicherung und Verarbeitung in elektronischen Systemen.
Die Wiedergabe von Gebrauchsnamen, Handelsnamen, Warenbezeichnungen usw. in diesem Werk berechtigt auch ohne besondere Kennzeichnung nicht zu der Annahme, dass solche Namen im Sinne der Warenzeichen- und Markenschutz-Gesetzgebung als frei zu betrachten wären und daher von jedermann benutzt werden dürften.
Der Verlag, die Autoren und die Herausgeber gehen davon aus, dass die Angaben und Informationen in diesem Werk zum Zeitpunkt der Veröffentlichung vollständig und korrekt sind. Weder der Verlag noch die Autoren oder die Herausgeber übernehmen, ausdrücklich oder implizit, Gewähr für den Inhalt des Werkes, etwaige Fehler oder Äußerungen.

Gedruckt auf säurefreiem und chlorfrei gebleichtem Papier

Springer Fachmedien Wiesbaden ist Teil der Fachverlagsgruppe Springer Science+Business Media
(www.springer.com)

Danksagung

Mein besonders herzlicher Dank für diese Arbeit gilt meinem Doktorvater und Hauptberichter Professor Hans-Christian Reuss sowie meinem Mitberichter Professor Alexander Verl.

Diese Arbeit wäre ohne die Unterstützung und den Einsatz von Armin Müller nicht entstanden. Vielen Dank für die Möglichkeit und die zahlreichen Impulse sowie spannenden Diskussionen bis in die späten Abendstunden.

Des Weiteren möchte ich mich für die unentwegte Unterstützung bei meiner Frau Diana und meiner Familie Richard, Renate und Oliver sowie Gudrun und Irmgard bedanken.

Ohne die zahlreichen Ideen und den Einsatz meines Freundes und Kollegen Mark Krausz wäre diese Arbeit nicht so entstanden wie sie entstanden ist. Vielen Dank!

Außerdem gilt mein Dank meinem Freund und Kollegen Nicolas Heitger, der immer Zeit und ein offenes Ohr gefunden hat.

Ebenfalls möchte ich mich bei meinen Kollegen am FKFS bedanken. Allen voran Gerd Baumann und Edwin Baumgartner sowie Marc Stephan Krützfeld für die Unterstützung in den diversesten Fällen.

Bei Michael Dimitrov und Udo Weckenmann bedanke ich mich für die langjährige Unterstützung der Rahmenbedingungen für diese Arbeit.

Matthias Zimmer

Abstract

Bereits in den frühen Phasen der Produktentstehung ist es notwendig der steigenden Variantenvielfalt und wachsenden Komplexität in der Automobilentwicklung, zum Beispiel durch Hybridisierung und zunehmende Vernetzung, mit effektiven Methoden und Prozessen zu begegnen. Eine schnelle und effiziente Bewertung von Fahrzeugkonzeptvarianten unterstützt die Entscheidungsfindung und ermöglicht eine effektivere Nutzung des vorhandenen Zeitfensters für Machbarkeitsuntersuchungen. Dies trägt zur weiteren, oftmals von Unternehmen angestrebte Umsetzung des Frontloading bei.

Zur Unterstützung der Projektdokumentation ist eine Ablage der Bewertungsergebnisse sowie der verwendeten Simulationsdaten von großem Nutzen, da hierdurch eine nachhaltige Bewertungsqualität und Nachvollziehbarkeit sichergestellt wird. Zusätzlich gewährleisten ein hoher Grad an Automatisierung und die Verwendung eines zentralen Werkzeugs sowie eine benutzerfreundliche Bedienung des Simulationsprozesses einen hohen Durchsatz sowie hohe Akzeptanz. Damit können unterschiedliche Konzeptfahrzeuge äußerst flexibel abgebildet werden.

Die vorliegende Arbeit befasst sich mit dem Ziel eines durchgängigen Simulationsprozesses zur Steigerung des Reifegrades von Konzeptbewertungen in der Frühen Phase der Produktentwicklung. Es wird außerdem vorgestellt, in welchem Kontext die Methode und der Prozess in der Entwicklung bei der Dr. Ing. h.c. F. Porsche AG durchgeführt und prototypisch eingesetzt werden.

Eine bereits vorhandene Produktstrukturbasis dient als Beschreibung von Fahrzeugen in der Konzeptphase. Dieses Dokument basiert auf einem bereichsübergreifenden, etablierten Aufbau in dem die im Fahrzeug vorhandenen Bauteile und Komponenten eingetragen sind. Diese Struktur erlaubt Fahrzeuge klassen- und markenunabhängig zu beschreiben und damit eine einfache Vergleichbarkeit herzustellen. Dieser gewählte Strukturierungsansatz wird durch das Vorgehensmodell hindurch stringent eingehalten. Die Produktstrukturbasis findet Verwendung als Dokument zur Konzeptbeschreibung. Mit der so erzeugten Fahrzeugbeschreibung wird der vollständig automatisierte Bewertungsprozess initiiert. Der Bewertungsprozess beinhaltet nach dem Auslesen des Eingangsdokuments neben der Zuordnung der Komponenten mit deren Modellen und Parametersätzen zusätzlich die Durchführung und Auswertung der Simulation.

Der Aufbau des zugrundeliegenden Modellgerüsts folgt der gleichen modularen Struktur, die zur Beschreibung des Fahrzeugs verwendet wird. Abhängig von den zur Verfügung stehenden Informationen über die Komponenten des Fahrzeugs und dem zu betrachtenden Szenario wird das Modellgerüst zu einem spezifischen Gesamtfahrzeugsimulationsmodell vervollständigt. Der gesamte Ablauf erfolgt automatisiert und lässt sich über benutzerfreundliche Bedienoberflächen steuern.

Konkret ist das Werkzeug für erste Machbarkeitsstudien in der Frühen Phase der Fahrzeugentwicklung bei der Dr. Ing. h.c. F. Porsche AG vorgesehen. Eine schnelle Bewertung der Fahrzeugeigenschaften und der anschließende Abgleich mit den zu erreichenden Zielwerten sind mit Hilfe des Simulationsprozesses möglich. Dazu werden Fahrzeugkonfigurationen erzeugt und deren Eigenschaften simulativ ermittelt, so dass diese voraussichtlichen Ist-Werte mit den vorgegebenen Zielwerten als Benchmark verglichen werden können. Außerdem können durch den Einsatz dieser Methode Lastprofile für Bauteilanforderungen abgeleitet werden, welche in der Frühen Phase der Konzeptbewertung eine wichtige Rolle einnehmen. Damit ist es möglich sehr effizient geeignete Konzeptvarianten zu bewerten und mögliche Derivate abzuleiten. Der hohe Grad der Automatisierung stellt eine schnelle Bewertungsmöglichkeit dar. So kann eine ständige Aktualisierung des momentanen Projektstandes realisiert werden.

Der vorgestellte Simulationsprozess stützt sich auf die VDI Richtlinie 2221, da der Aufbau eines Simulationsmodells zur Simulationsfreigabe von Anforderungen als ein Prozess des methodischen Konstruierens angesehen werden kann. Diese Vorgehensweise ist an die 2. Ausgabe der VDI Richtlinie 2221 zum methodischen Entwickeln und Konstruieren angelehnt und ermöglicht eine schnelle und flexible Konzeptbewertung. Die Richtlinie liefert eine Strukturierung wesentlicher Zusammenhänge und daraus ableitbare Arbeitsabschnitte und mögliche Arbeitsergebnisse. Zusätzlich ermöglicht eine offene Modellarchitektur zahlreiche Bewertungsmöglichkeiten und macht die Anwendung beliebig erweiterbar. Außerdem unterstützt dieser Bewertungsprozess die Dokumentation während der Produktentstehung und stellt eine Neuigkeit hinsichtlich der eingesetzten Methode sowie der Anwendbarkeit dar.

Durch die konzeptuelle Anwendung des Simulationsprozesses als Bewertungswerkzeug für Fahrzeugkonzepte werden erste Erfahrungen gewonnen, die unmittelbar in die Entwicklung des Simulationswerkzeugs einfließen und eine vorgesehene Etablierung als wesentlichen Bestandteil in der Frühen Phase der Produktentstehung bei der Dr. Ing. h.c. F. Porsche AG forcieren.

Inhaltsverzeichnis

Danksagung V

Abstract VII

Abbildungsverzeichnis XIII

Tabellenverzeichnis XVII

Abkürzungsverzeichnis XIX

1 Einführung 1
  1.1 Motivation und Hintergrund 1
  1.2 Problemstellung 7
  1.3 Ziel der Arbeit 10
  1.4 Gegenstand der Untersuchung und Forschungsfrage 11
  1.5 Aufbau der Arbeit 15

2 Von der Idee über das Konzept zum Serienprodukt 17
  2.1 Die Produktentwicklung und der Produktentstehungsprozess ... 17
  2.2 Der Produktentstehungsprozesses in der Automobilindustrie ... 21
  2.3 Die Rolle von Zulieferern im Produktentstehungsprozess ... 24
  2.4 Die Frühe Phase des PEPs in der Automobilindustrie ... 25
  2.5 VDI 2221 als Vorgehensmodell 29

3 Simulationsgrundlagen 35
  3.1 Definition des Begriffs Simulation 36
  3.2 Definition des Begriffs System 37
  3.3 Kompliziertes oder komplexes System? 38
  3.4 Definition des Begriffs Modell 41
  3.5 Klassifikation von Simulationsverfahren 43
    3.5.1 Virtuelle Simulationen 44
  3.6 Geometrisch und funktionsorientierte Simulationen ... 46
    3.6.1 Geometrisch orientierte Simulation 46
    3.6.2 Funktionsorientierte Simulation 47
    3.6.3 Black-Box 49
    3.6.4 White-Box 50

3.6.5 Gray-Box 50
3.7 Die Anforderungen an ein Simulationskonzept 50
3.8 Der Simulationsprozess 51
  3.8.1 x-in-the-Loop 51
  3.8.2 Hardware-in-the-Loop 52
  3.8.3 Software-in-the-loop 53
  3.8.4 Model-in-the-loop 53
3.9 Der Simulationsablauf 54
3.10 Der Simulationsnutzen 55
3.11 Der Simulationsaufwand 57
3.12 Grenzen der Simulation 57
3.13 Durchgängigkeit 58
3.14 Management der Durchgängigkeit 58

4 Prozessmodelle und Simulationswerkzeuge 61
4.1 Prozessmanagement 61
4.2 Stand der Technik und Defizite der aktuellen
    Simulationswerkzeuge 63
4.3 Simulationswerkzeuge 66
  4.3.1 Alternatives Simulationswerkzeug 1: Insellösungen 67
  4.3.2 Alternatives Simulationswerkzeug 2: Simulationen
        koppeln 68
  4.3.3 Zusammenfassung Simulationswerkzeuge 69
4.4 Matlab, Cruise und CarMaker - Simulationswerkzeuge und
    -plattformen 70
4.5 Fazit 75

5 Konzept zur methodischen Unterstützung für einen Entwicklungsprozess 77
5.1 Bewertungsmethoden in der Frühen Phase der Automobilindustrie ... 77
  5.1.1 Aktuelle Vorgehensweise und Defizite 77
  5.1.2 Eine Bewertungsmethode als Verbesserungsvorschlag 78
5.2 Der Ablauf der Simulation nach dem Vorgehensmodell VDI 2221 78
5.3 Grundsätzliche Beschreibung des Simulationsprozesses 82
5.4 Der Prozess und die Umsetzung 84
5.5 Die Ausgangsbasis der Komponentenkonfiguration 85
  5.5.1 Der Aufbau der Produktstrukturbasis 86
5.6 Modellbildung des Antriebsstranges 87
5.7 Modellbildung des Fahrers und der Umgebung 93
5.8 Gesamtfahrzeugmodell 93

5.9 Validierung der Modelle ... 94
5.10 Modell- und Parameterverwaltung ... 95
5.11 Automatisierte Modellintegration ... 96
5.12 Der Start des Programms ONT – die erste Bedienoberfläche ... 98
5.13 Von der Struktur zum Simulationsmodell – die zweite Bedienoberfläche ... 99
5.14 Die Ergebnisaufbereitung – die dritte Bedienoberfläche ... 110
5.15 Dokumentation ... 113

6 Anwendung am Beispiel e-generation ... 115
6.1 Elektromobilität und die Herausforderung der Konzeptentwicklung ... 115
6.2 Das Förderprojekt e-generation ... 117
6.3 Das Fahrzeugprojekt in e-generation – der Boxster e ... 118
    6.3.1 Der Boxster e als Benchmark ... 120
    6.3.2 Boxster e Konzept e-generation ... 121
6.4 Die Anforderungen und Grenzbetriebsbedingungen ... 122
6.5 Durchführung der Konzeptbewertung mit ONT ... 124
    6.5.1 Bewertung des Referenzfahrzeugs ... 124
    6.5.2 Bewertung des Boxster e aus dem Förderprojekt e-generation ... 126
6.6 Zusammenfassung der Bewertungen für das Projekt e-generation ... 128

7 Zusammenfassung und Ausblick ... 131

Literaturverzeichnis ... 133

Anhang ... 139

Abbildungsverzeichnis

Abbildung 1: Die zehn Megatrends nach Wyman 2
Abbildung 2: Bevölkerungsentwicklung für einen prognostizierten Zeitraum von 2007 bis 2025 in Deutschland 3
Abbildung 3: Direkt Beschäftigte in der Automobilindustrie weltweit im Jahr 2012 5
Abbildung 4: Zunahme der Fahrzeugtypen und Derivate bei der Dr. Ing. h.c. F. Porsche AG innerhalb einer Zeitspanne von 15 Jahren 6
Abbildung 6: Beteiligte Bereiche in der Produktentwicklung 18
Abbildung 7: Prozessuale Gliederung der Phasen in der Produktentwicklung 19
Abbildung 8: Qualitative Darstellung der Erfolgsdimensionen als zeitliche Abhängigkeit im Pro-duktentstehungsprozess 21
Abbildung 9: Die drei Erfolgsdimensionen der Betriebswirtschaftslehre 22
Abbildung 10: Beispielhafter Produktentstehungsprozess im Automobilunternehmen 24
Abbildung 11: Der Umsatz mit Komplettmodulen steigt über die Jahre stetig an 25
Abbildung 12: Zunahme der externen Entwicklungsarbeiten bei Zulieferern 25
Abbildung 13: Steigender Trend von Einzelinnovationen zu Systeminnovationen 28
Abbildung 14: Arbeitsschritte nach VDI Richtlinie 2221 31
Abbildung 15: Die Durchgängigkeit von der Eigenschaft zum Modul anhand eines Fahrdynamikbeispiels 33
Abbildung 16: Schematische Darstellung eines Systems mit seinen Ein- und Ausgängen, sowie der Systemgrenze 38
Abbildung 17: Entwicklungstrends in den Unternehmen 40
Abbildung 18: Schematische Darstellung eines einfachen, komplizierten und komplexen Systems 40
Abbildung 19: Modellbildung basierend auf Naturgesetze oder Beobachtungen 42
Abbildung 20: Die Entwicklungstendenz geht in Richtung Wegfall von Versuchsreihen 45
Abbildung 21: Aufteilung von Simulationen in Bereiche 46
Abbildung 22: Die Simulationswerkzeuge und -programme beispielhaft dargestellt 49

Abbildung 23: Schematische Darstellung des schrittweisen Übergangs von Software in Hardware 52
Abbildung 24: Schematischer Aufbau eines HiL Testsystems 52
Abbildung 25: Schematischer Aufbau eines SiL Testsystems 53
Abbildung 26: Schematischer Aufbau eines MiL Testsystems 54
Abbildung 27: Simulationsablauf und Einsatz im Problemlösungszyklus 55
Abbildung 28: Geschlossene Prozesskette mit Unterstützung der Simulation 56
Abbildung 29: Durchgängigkeit im Simulationsprozess 59
Abbildung 30: Die drei Eckpfeiler eines durchgängigen Simulationsprozesses: Modelle, Architektur und Anforderungen 60
Abbildung 31: Logistikorientierte Wertstromanalyse und ihre Handlungsfelder 62
Abbildung 32: Aufbau eines Gesamtfahrzeugmodells aus validierten Komponenten 64
Abbildung 33: Teilsysteme als Insellösungen 68
Abbildung 34: Teilsysteme gekoppelt über eine Middleware zum Gesamtsystem 69
Abbildung 35: Hybrider Ansatz 70
Abbildung 36: Das Vorgehensmodell VDI 2221 auf der linken Seite als Leitlinie und der Simulationsprozess auf der rechten Seite 79
Abbildung 37: Die Bedienung durch Oberflächen ermöglicht eine dezentrale Steuerung 83
Abbildung 38: Die drei Erfolgsfaktoren des Bewertungsprozesses 84
Abbildung 39: Gliederungselemente der PSB am Beispiel Radträger 87
Abbildung 40: Motormodell mit seinen Ein- und Ausgängen sowie Subsystemen 89
Abbildung 41: Batteriemodell mit ihren Ein- und Ausgängen sowie Subsystemen 90
Abbildung 42: Leistungselektronikmodell mit ihren Ein- und Ausgängen sowie Subsystemen 91
Abbildung 43: Getriebemodell mit seinen Ein- und Ausgängen sowie Subsystemen 92
Abbildung 44: Fahrermodell mit seinen Ein- und Ausgängen 93
Abbildung 45: Gesamtfahrzeugmodell auf der obersten Ebene 94
Abbildung 46: Vergleich des Spannungsverlaufs der Batterie zwischen Simulation und Messungen am Prototyp 95
Abbildung 47: Schematische Darstellung der getrennten Bibliotheken 96
Abbildung 48: Inhalte einer Komponente 98
Abbildung 49: Die Dateien einer Anforderung 98

Abbildungsverzeichnis XV

Abbildung 50: : Erste Bedienoberfläche 99
Abbildung 51: Die zweite Bedienoberfläche 100
Abbildung 52: Detaillierungsgrade am Beispiel Antrieb zu einem
bestimmten Zeitpunkt 103
Abbildung 53: Anzeigefunktion zur Darstellung der Ist und Soll
Detaillierungsgrade 106
Abbildung 54: Eindeutige Fahrzeugkonfiguration 107
Abbildung 55: Schematische Darstellung des Simulationsablaufs 107
Abbildung 56: Simulationsmenü in ONT und Eingabemaske 108
Abbildung 57: Simulationsfortschritt und -zeit zur Kontrolle des
Simulationsablaufs 109
Abbildung 58: Auswahl der durchgeführten Manöver 111
Abbildung 59: Ergebnisdarstellung und Dokumentation der
Simulationsabläufe 112
Abbildung 60: Die drei Kerneigenschaften im Spannungsfeld der
Konzeptentwicklung 117
Abbildung 61: Schnitt durch die Karosserie des konventionellen
Serienfahrzeugs mit den schematischen Bauräumen 119
Abbildung 62: 4WD Topologie des Boxster e Prototyps aus dem Jahr
2010 121
Abbildung 63: 4WD Topologien der Boxster e Konzepte aus dem
Projekt e-generation 122
Abbildung 64: Anforderungsliste aus e-generation 123
Abbildung 65: Die sieben Anforderungen in ONT an das Boxster e
Konzept aus dem Jahr 2010 125
Abbildung 66: Die Anforderungen und Grenzbetriebsbedingungen von
e-generation an die Fahrzeugkonzepte 127
Abbildung 67: Vergleich der Geschwindigkeiten über der Zeit beider
Konzeptfahrzeuge 129
Abbildung 68: Vergleich der Beschleunigungen über der Zeit beider
Konzeptfahrzeuge 130
Abbildung 69: Geschwindigkeitsprofil NEFZ 139
Abbildung 70: Geschwindigkeitsprofil Artemis 150 139

Tabellenverzeichnis

Tabelle 1: Ergebnisse der Anforderungen..126
Tabelle 2: Ergebnisse der Anforderungen von e-generation...................128

Abkürzungsverzeichnis

Abkürzung	Begriff
2WD	Zweiradantrieb
4WD	Vierradantrieb
ABS	Antiblockiersystem
AC	Wechselspannung
ASIM	Arbeitsgemeinschaft Simulation
ASR	Antriebsschlupfregelung
ATZ	Automobiltechnische Zeitschrift
AVL	Anstalt für Verbrennungskraftmaschinen List
BMBF	Bundesministerium für Bildung und Forschung
BMVBS	Bundesministeriums für Verkehr, Bau und Stadtentwicklung
BMW	Bayrische Motoren Werke
CAD	Computer-Aided Design
CAE	Computer-Aided Engineering
CATIA	Computer-Aided Three-dimensional Interactive Application
CFK	Carbon-faserverstärkter Kunststoff
DC	Gleichspannung
DG	Detaillierungsgrad
ESP	Elektronisches Stabilitätsprogramm
F&E	Forschung und Entwicklung
FEM	Finite-Element Methode
FKFS	Forschungsinstitut für Kraftfahrwesen und Fahrzeugmotoren Stuttgart
GUI	Graphical User Interface
ICOS	Independent Co-Simulation

ID	Identifikation
IPG	Ingenieurgemeinschaft Prof. Dr.-Ing. R. Gnadler GmbH
ISAR	Integrierte Simulationsumgebung für Fahrdynamik mit Regelsystemen
ITK	Ingenieurbüro für technische Kybernetik
HA	Hinterachse
HiL	Hardware-in-the-Loop
HV	Hochvolt
MEK	Materialeinzelkosten
MiL	Model-in-the-Loop
NEFZ	Neuer Europäischer Fahrzyklus
OEM	Original Equipment Manufacturer
OICA	Organisation Internationale des Constructeurs d'Automobiles
ONT	OverNight-Testing
PEP	Produktentstehungsprozess oder Produktentwicklungsprozess
PID	Proportional–Integral–Derivative
PSB	Produktstrukturbasis
SiL	Software-in-the-Loop
SoC	State of Charge
SoP	Start of Production
TISC	TLK Inter Software Connector
USP	Unique Sales Point
VA	Vorderachse
VDI	Verein Deutscher Ingenieur

1 Einführung

1.1 Motivation und Hintergrund

Stagnation bedeutet Rückschritt (vgl. Zitat „Stillstand ist Rückschritt"[1]). Auch für die Automobilindustrie gelten diese drei Worte uneingeschränkt. Das bestätigen Führungskräfte von Fahrzeugherstellern, welche Innovationen zu den wichtigsten Erfolgsfaktoren in der Branche zählen[2] und die die enorme Relevanz der Aktivitäten in den frühen Phasen der Fahrzeugentwicklung betonen. Aufgrund verkürzter Technologielebenszyklen und der schnellen Entwicklung der Randbedingungen am Markt sind Unternehmen gezwungen dem Kunden neue bzw. bedarfsgerechte Produkte anzubieten. Somit steigt die Wettbewerbsfähigkeit eines Unternehmens und es lassen sich neue Herausforderungen leichter bewältigen:

> „Erfolgreiche Innovationen müssen Herausforderungen aufgreifen, die durch weltweite Megatrends entstehen, sonst ist das gesamte Konzept der individuellen Mobilität in Gefahr."[3]

Oder anders ausgedrückt: Fehlende Innovationen in der Automobilindustrie bedeuten Stagnation in der Entwicklung und damit eine Gefährdung des Markterfolgs. Um den Markterfolg sicherzustellen, müssen die Herausforderungen und Megatrends von der Automobilindustrie identifiziert und aufgegriffen werden. In Abbildung 1: sind die in einer Studie von Wyman ausgearbeiteten Treiber für die Automobilindustrie dargestellt.[4] Besonders die Prognosen für die Ausweitung des Umweltschutzes, den steigenden Mobilitätsbedarf und die wachsende Entwicklung von Megastädten tragen dazu bei, dass die Entwicklung zukünftiger Fahrzeugkonzepte im Kontext dieser Treiber stattfinden muss.

Neben den bereits hinreichend bekannten Faktoren der Ressourcenverknappung bei Ölvorräten kann die Komplexität des Zusammenhangs der Treiber beispielsweise anhand der Entwicklung von urbanen Ballungsräumen erfolgen. Abbildung 2: stellt die prognostizierte Bevölkerungsentwicklung in dem Zeitraum zwischen den Jahren 2007 und 2025 dar. Die Prognose zeigt eine Auffälligkeit bei der Abwanderung bzw. der Stagnation der Einwohnerzahlen in den

---

[1] Zitat: von Bennigsen-Foerder, Rudolf, ehemaliger Vorstandsvorsitzender Veba AG
[2] Vgl. Wyman (2007), S. 4
[3] Quelle: Wyman (2007), S. 6
[4] Vgl. Wyman (2007), S. 9

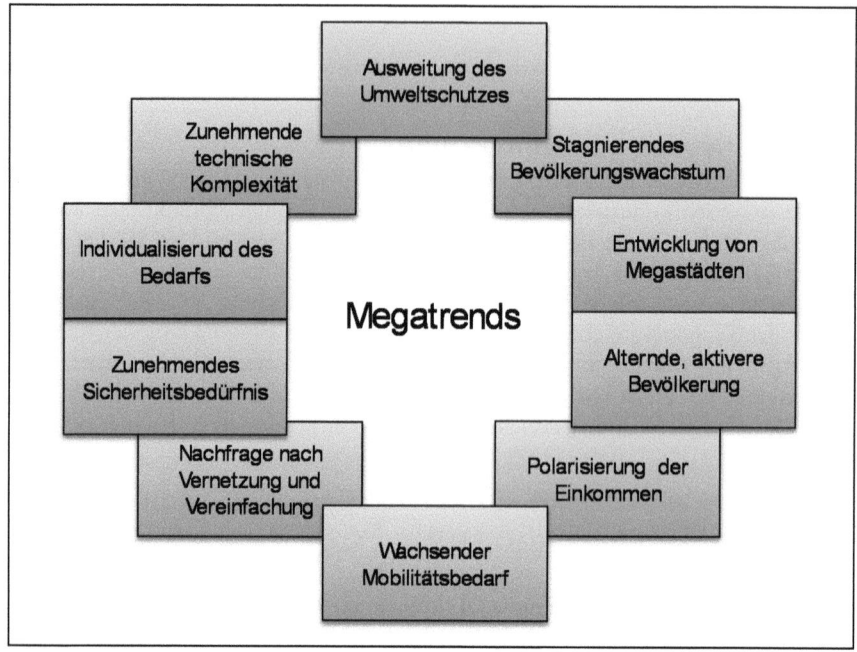

Abbildung 1: Die zehn Megatrends nach Wyman[5]

Großstädten wie Stuttgart, München und Berlin, wobei die umliegenden Regionen der größten Städte in Deutschland eine deutliche Zunahme der Bevölkerung aufweisen. Als Grund dafür können die steigenden Wohn- und Nebenkosten in den Ballungsräumen vermutet werden. Diese Entwicklung in Verbindung mit der Ausweitung des Umweltschutzes wird sich zukünftig auf das Mobilitätskonzept neuer Fahrzeuge auswirken: Fahrverbote von Fahrzeugen mit konventionellem Antrieb in Großstädten sowie die zunehmende Urbanisierung des Umlandes und damit die Zunahme des Pendelverkehrs zeigen die Notwendigkeit auf, sich mit neuartigen Produkten in der Fahrzeugentwicklung zu beschäftigen.

Jeder weitere Trend aus der Studie von Wyman liefert für sich betrachtet weitere, neuartige Ansätze für Fahrzeugkonzepte. Eine zweite Studie von Dietz und Nayabi hebt in diesem Zusammenhang besonders die Veränderungen in der

---

[5] Eigene Darstellung in Anlehnung an: Wyman (2007), S. 9

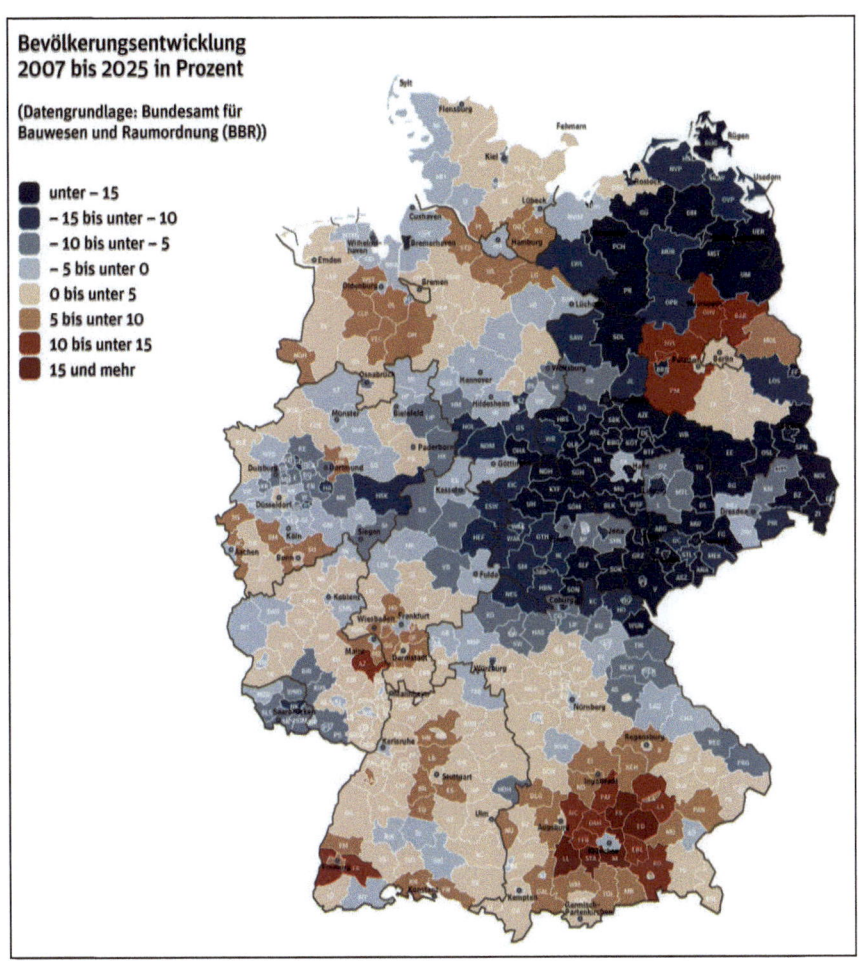

Abbildung 2: Bevölkerungsentwicklung für einen prognostizierten Zeitraum von 2007 bis 2025 in Deutschland[6]

europäischen Automobilindustrie hervor. Sie nennen vier wesentliche Merkmale, die Einfluss auf das Gesamtkonzept Automobil haben:[7]

---

[6] Quelle: Berlin Institut
[7] Vgl. Dietz, Nayabi (2006), S. 8

- Verschärfter Wettbewerb durch Globalisierung aufgrund der Reduktion von Handelsbarrieren bzw. neuer Wettbewerb aus aufstrebenden Industrieländern.

- Verkürzte Produktlebenszyklen durch neue Produktionstechnologien sowie durch den Einsatz virtueller Entwicklungsmethoden (beispielsweise durch CAE-[8] und CAD[9]-Methoden).

- Geändertes Kundenkaufverhalten resultierend aus den Produktindividualisierungsmöglichkeiten sowie der Modell- und Teilevielfalt.

- Steigende Erwartungshaltungen der Kunden bezüglich verkürzter Lieferzeiten und zuverlässiger Lieferterminzusagen.

Die Wichtigkeit, die dadurch entstehenden Zielkonflikte aufzulösen, zeigen einige Kennzahlen, welche den Einfluss des Markterfolgs auf die Weltwirtschaft sowie die Bedeutung und Verantwortung der Automobilindustrie und deren Produkte auf den Weltmärkten unterstreichen:

So wurde im Jahr 2012 erstmals ein neuer Rekord von weltweit 84,1 Millionen produzierten Fahrzeugen erreicht, was einem Plus von fünf Prozent gegenüber dem Vorjahr entspricht.[10] Für das Jahr 2013 wird eine weitere Steigerung von drei Prozent vorhergesagt. Diesen Produktionszahlen liegen weltweit ein Umsatz von 1,89 Billionen Euro, Entwicklungsausgaben von mehr als 84,8 Milliarden Euro und 8,4 Millionen direkt Angestellte in der Automobilindustrie (siehe Abbildung 3) zu Grunde.[11] Allein in Deutschland arbeiten mehr als 14 Prozent aller Beschäftigten des verarbeitenden Gewerbes in der Automobilindustrie.[12] Durch die Abhängigkeit und die gestiegenen Exporte ins Ausland (mehr als drei Viertel der produzierten Fahrzeuge[13]) tragen die neuen Herausforderungen in den heimischen und ausländischen Märkten, die Megatrends, die zunehmende Urbanisierung und die verkürzten Produktzyklen immer häufiger zu neuen Produktweiter- bzw. Produktentwicklungen bei. Eine beobachtbare Folge ist die zunehmende Anzahl an Derivaten und Nischenprodukten (siehe Abbildung 4), die sich im Laufe der letzten Jahre vervielfacht haben und welche marktspezifisch angeboten werden, obwohl dadurch die technische Produktdifferenzierung zwischen unter-

---

[8] CAE steht für Computer-Aided Engineering
[9] CAD steht für Computer-Aided Design
[10] Quelle: http://oica.net/category/production-statistics/, Zeitpunkt des Abrufs 06.03.2013
[11] Quelle: http://oica.net/category/economic-contributions/facts-and-figures/, Zeitpunkt des Abrufs 05.04.2013
[12] Quelle: Daimler AG, Nachhaltigkeitsbericht 2011, S. 55
[13] Quelle: Institut für Technikfolgenabschätzung und Systemanalyse (ITAS), TAB-Brief Nr. 41 (2012) Schwerpunkt: Zukunft der Automobilindustrie, S. 15

schiedlichen Marken abnimmt. Damit versuchen die Fahrzeughersteller, im Folgenden OEM (Original Equipment Manufacturer) genannt, den Markt als Full-Line Hersteller[14] abzudecken.

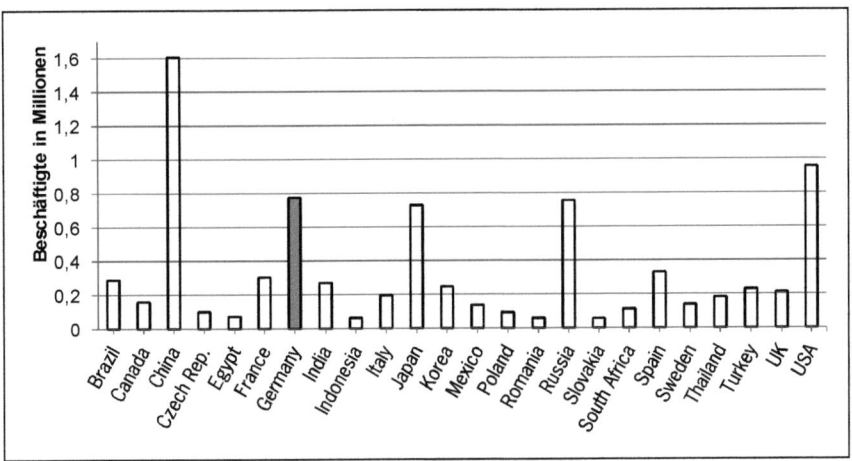

Abbildung 3: Direkt Beschäftigte in der Automobilindustrie weltweit im Jahr 2012[15]

Zusätzlich zu den von außen getriebenen Megatrends kommt der hohe Komplexitätsgrad eines Automobils hinzu, welches inzwischen aus über 10000 Einzelteilen besteht.[16] Somit ist ein Automobil das technisch aufwändigste Gebrauchsgut, das in Großserie angeboten wird. Durch die hohe Teileanzahl besteht eine starke Vernetzung in die unterschiedlichsten Bereiche der Industrie. Damit kann der Industriezweig der Automobilherstellung das globale Weltgeschehen auf vielfältige Art und Weise beeinflussen. Um sich diesen Herausforderungen zu stellen, müssen Fahrzeugkonzepte so früh wie möglich mit einer ausreichenden Ergebnisqualität bewertet werden können, um die Machbarkeitsuntersuchungen bestmöglich zu unterstützen.

---

[14] Full-Line Hersteller bezeichnet einen Anbieter, welcher versucht den Markt mit seinen Produkten in horizontaler und in vertikaler Richtung abzudecken. Damit wird ein umfangreiches Produktprogramm unter Anwendung einer Plattformstrategie angeboten (siehe Mercedes, z. B. in Presseinformation Mercedes-Benz Omnibustage (2011): „125! Jahre Innovation – Moderne trifft auf Klassik", Mannheim

[15] Eigene Darstellung in Anlehnung an OICA für Länder mit mindestens 50.000 Beschäftigte in der Automobilindustrie, Quelle: http://www.oica.net/category/economic-contributions/auto-jobs/, Zeitpunkt des Abrufs 06.03.2013

[16] Quelle: http://www.sueddeutsche.de/auto/rueckrufaktionen-pfusch-ab-werk-1.16544-2, Zeitpunkt des Abrufs 12.09.2013

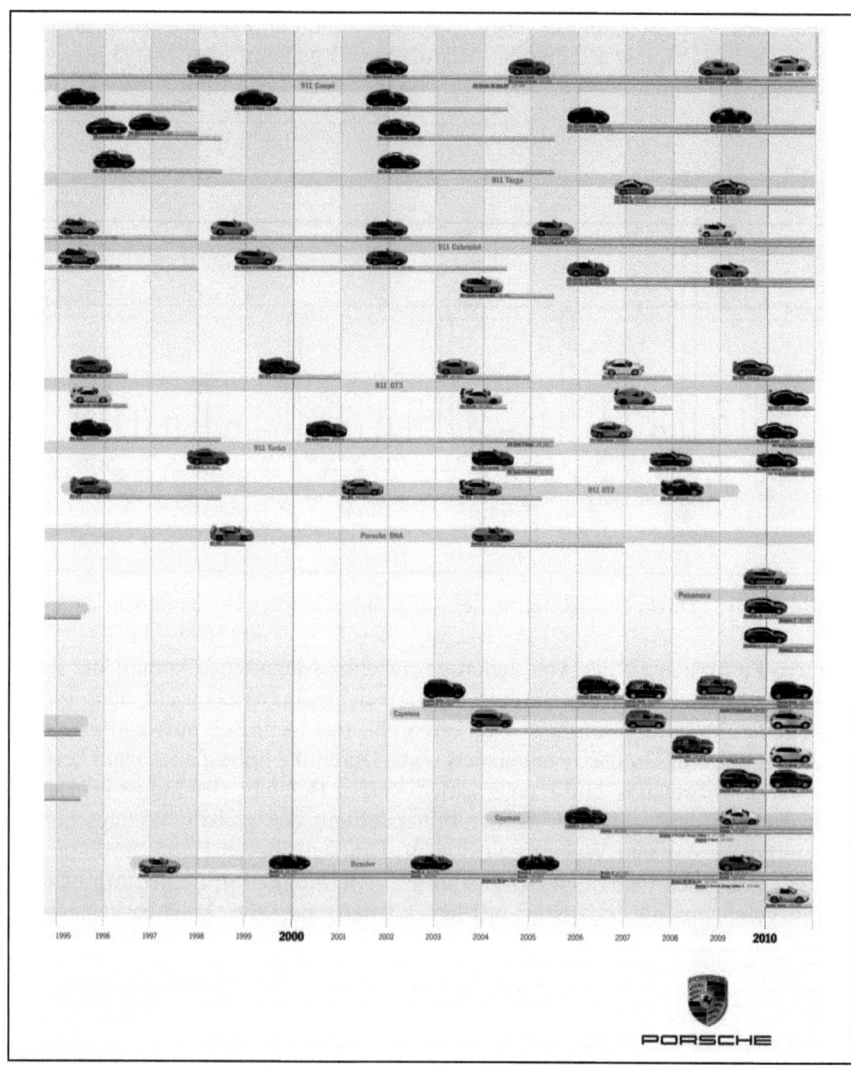

Abbildung 4: Zunahme der Fahrzeugtypen und Derivate bei der Dr. Ing. h.c. F. Porsche AG innerhalb einer Zeitspanne von 15 Jahren[17]

---

[17] Quelle: Dr. Ing. h.c. F. Porsche AG

1.2 Problemstellung

Durch jeden einzelnen Veränderungstreiber an sich, aber besonders durch die Vernetzung dieser aufgeführten Trends und Treiber sowie das Aufzeigen der Zielkonflikte, die durch die Herausforderungen gegeben sind, ergeben sich eine fast beliebige Anzahl unterschiedlicher Konzeptvarianten, welche in der Frühen Phase[18] der Fahrzeugentwicklung einzeln betrachtet und bewertet werden müssen, bevor diese zu einem möglichen Serienprodukt heranreifen können. Besonders in dieser frühen Entwicklungsphase, in der diese vielen sequentiell auszuarbeitenden Konzeptvarianten als Projekte parallel existieren, sind eine effiziente Konzeptbewertung und eine durchgängige Dokumentation notwendig, da hier eine große Quote an Misserfolgen nachgewiesen werden kann.[19] Die Studie von Wyman geht dabei von einer Investition von ca. 800 Milliarden Euro in den nächsten zehn Jahren in Forschung und Entwicklung (F&E) mit einer Fehlinvestitionsquote von ca. 40 Prozent aus.[20] Im Jahr 2005 investierte die Automobilindustrie circa 68 Milliarden Euro in die F&E, was einem Durchschnitt von ca. 783 Euro pro Fahrzeug entspricht.[21] Jedes Jahr fließen allein in Deutschland mehr als 20 Milliarden Euro von den Herstellern und Zulieferern in diesen Bereich.[22] Trotzdem oder gerade weil diese Summen mit hohen Fehlinvestitionen in die F&E verbunden sind, zwingen die neuen Herausforderungen, die Fahrzeugentwicklung effizienter zu gestalten und Ansatzpunkte zur Steigerung des Erfolgs zu finden. Zusätzlich muss eine Zunahme der Bewertungs- und Prognosegüte durch eine Qualitätssicherung in der Frühen Phase sichergestellt werden. Ein Vorschlag, welcher zunehmend Beachtung in der Automobilindustrie findet, ist die Standardisierung und Modularisierung[23] von vorhandenen und zukünftigen Komponenten unterschiedlicher Fahrzeugprojekte.[24] Dabei können diese gemeinsam genutzten Komponenten marken- und/oder konzernübergreifend Verwendung finden. Diese Aufteilung von einem Gesamtsystem zu komplexen Teilsystemen kann sowohl zu einem erhöhten Steuerungsaufwand unternehmensintern als auch durch Koordinationsaufwände über die Unternehmensgren-

---

[18] Der Begriff „Frühe Phase" fasst die vorgelagerten Arbeitsschritte zusammen, bevor im Produktentstehungsprozess die Entwicklung beginnt. Diese Phase wird eingehend in Kapitel 0 in Bezug auf die Automobilindustrie diskutiert.
[19] Vgl. Herstatt, Verworn (2007), S. 4 f.
[20] Vgl. Wyman (2007), S. 4
[21] Vgl. Wyman (2007), S. 4
[22] Quelle: Daimler AG, Nachhaltigkeitsbericht 2011, S. 55
[23] Vgl. Gusig (2010), S. 90 und S. 150 f. sowie Reichhuber (2010), S. 134 f. und Bewersdorff, Pfau (2011), S. 18-19
[24] Als Beispiel seien der VW-Konzern mit seinen Marken, Tesla in Kooperation mit Mercedes und Mercedes in Kooperation mit Renault genannt

zen hinaus führen.[25] In der Wissenschaft wird das Thema der Modularisierung, also die Aufteilung von großen Systemen in kleinere Teilsysteme, sehr kontrovers diskutiert. Eine These, aufgestellt von Hatton[26], zeigt, dass die Anzahl an Fehlern in einem Teilsystem durch eine nichtlineare Gleichung vorhergesagt werden kann. Daraus kann man die Behauptung ableiten, dass kleinere Teilsysteme mehr Fehler enthalten, als größere Systeme.[27] Andererseits zeigen Werke in der Literatur[28] und in Fachzeitschriften[29] die Vorteile bei der Anwendung von Modularisierungskonzepten: die Modularisierung von Komponenten zu Modulen hat das Ziel eine Struktur für die neu zu entwickelnden Produkte zu schaffen. Diese Struktur soll eine möglichst hohe Standardisierung bei zugleich größtmöglicher Individualität für den Kunden gewährleisten.[30] Die Schnittstellen der Komponenten sind daher zu standardisieren, um eine Wiederverwendbarkeit und eine Austauschbarkeit zu ermöglichen. Durch den modularen Aufbau entstehen Vorteile bei der Beherrschung der Produktkomplexität, da in der Produktentwicklung Tests besser durchgeführt werden können und mögliche Fehlerquellen schneller identifiziert und behoben werden, als bei einem nicht standardisierten Gesamtsystem. Gleichzeitig sinken sowohl der Entwicklungsaufwand als auch die Entwicklungszeit, falls vorhandene und bewährte Module aus bestehenden Produkten verwendet werden oder nur geringfügig angepasst werden müssen. In dem Werk von Göpfert[31] sind die möglichen Potenziale durch den Einsatz einer Modularisierungsstrategie detailliert dargestellt. Die von den Kunden geforderte Produktindividualisierungsmöglichkeit[32], also das Differenzierungsbedürfnis gegenüber Wettbewerbern, darf durch die Modularisierungsstrategie und die damit meist einhergehende marken- und/oder konzernübergreifende Gleichteilestrategie nicht gefährdet werden. Zusammenfassend kann als positives Beispiel zur Beherrschung dieser Strategien der Volkswagenkonzern mit seiner Modularisierungs- und Gleichteilestrategie am Ende der 90er Jahre bei den Konzernmarken VW, Seat und Audi genannt werden, welcher dadurch signifikante Einsparpotenziale realisieren konnte.[33]

---

[25] Vgl. Reichhuber (2010), S.128
[26] Vgl. Hatton (1997), S.4
[27] Vgl. Hatton (1996), S. 719-720
[28] Vgl. Andersson, Sellgren (2003), Baldwin, Woodard (2007), Baldwin, Clark (2006) sowie Göpfert (1998)
[29] Vgl. Kersten et al. (2005), S. 11-14
[30] Vgl. Boos (2008), S. 22
[31] Vgl. Göpfert (1998), S. 10 f.
[32] Vgl. Dietz, Nayabi (2006), S. 8
[33] Quelle: http://www.ftd.de/karriere/management/:enable-zwergenaufstand/3312.html, Zeitpunkt des Abrufs 02.09.2013

1.2 Problemstellung

Den Nutzen einer Modularisierung bzw. eine Aufteilung des Gesamtsystems in Teilsysteme gilt es daher abzuwägen. In der hier vorliegenden Arbeit wird ein Modularisierungsansatz gewählt, da es sich bei dem zu entwickelnden Prozess um die Integration einer vorliegenden Strukturierung in den Bewertungsprozess handelt und damit der Steuerungsaufwand reduziert und die Komplexitätsbeherrschung gesteigert werden kann. Für eine Wiederverwendbarkeit bei Simulationen für Funktionstests[34] muss ein Abbild dieser Modularisierungs- und Baukastenstruktur auch auf Bewertungswerkzeuge übertragen werden. Es existieren viele spezialisierte Simulationsprogramme, welche überwiegend als Insellösungen in den einzelnen Fachdisziplinen vorhanden sind. Diese Teillösungen sind meistens nicht miteinander gekoppelt und auf das jeweilige physikalische Verhalten bezogen modelliert. Die Wiederverwendbarkeit der Simulationsmodelle ist ebenfalls nahezu ausgeschlossen, da diese oftmals in sich geschlossen sind und nicht in einem gemeinsamen Datensystem verwaltet werden. Damit sind diese Teillösungen nur für lokale Fragestellungen verwendbar und können nicht zu einem Gesamtsystem zusammengefasst werden, denn oftmals ist auch die Summe aus den bestmöglichen Teillösungen nicht die optimale Lösung für ein Gesamtsystem.

Zum heutigen Zeitpunkt ist in der Frühen Phase der Produktentstehung eine strukturierte[35] und qualitative Bewertung nur eingeschränkt oder überhaupt nicht möglich und bedarf gegebenenfalls eines hohen Zeitaufwands zur Vorbereitung und Nachbearbeitung. Zusätzlich ist eine quantitative Analyse aus Gründen der steigenden Produktkomplexität und der oftmals damit verbundenen unterschiedlichen Modellierungstiefen meist zu einem erst späteren Zeitpunkt durchführbar. Diese Herausforderungen stehen im Gegensatz zu den Bestrebungen den Produktentwicklungsprozess zeitlich zu verkürzen[36], um sowohl flexibler auf Veränderungen am Markt als auch flexibler auf die immer weiter reichende Integration von nicht-automotiv Komponenten mit schnellen Generationswechseln (bspw. Mobiltelefone) reagieren zu können. Dies resultiert in einem erhöhten Kosten- und Zeitdruck entlang des gesamten Produktentwicklungsprozesses.

Vor diesem Hintergrund wird in der vorliegenden Arbeit eine Methode abgeleitet und vorgestellt, welche den Prozess in der Frühen Phase der Produktentwicklung unterstützt. Unter einer Methode wird ein regelbasiertes Vorgehen verstanden, nach dessen Vorgabe bestimmte Tätigkeiten auszuführen sind, um ein definiertes Ziel zu erreichen.[37] Im Folgenden werden Einschränkungen an dieser Definition vorgenommen, so dass sich die Untersuchungen der Produkt-

---

[34] Im Gegensatz dazu existieren auf Geometrie- und Werkstoffebene (z. B. FEM und CAD-Methoden) bereits durchgängige Prozessketten.
[35] Dabei bezieht sich die Struktur auf die reale Stückliste des Produktes.
[36] Vgl. Dietz, Nayabi (2006), S. 8
[37] Vgl. Lindemann (2009), S. 339

entwicklung in der Frühen Phase auf die simulative Bewertung von Entwicklungsprojekten beschränken. Gerade zu diesem Zeitpunkt der Produktentwicklung besteht ein großer Bedarf an dem Einsatz eines möglichst automatisiert arbeitenden Simulationswerkzeuges, um den Aufwand der Modellsuche und Modellintegration zu reduzieren. Weitere Herausforderungen, welche mit dem Simulationswerkzeug aufgegriffen und bewältigt werden sollen, sind im Folgenden kurz aufgezählt:

- Simulationsergebnisse können Informationen beinhalten, die einen deutlich veralteten Entwicklungsstand beschreiben.

- Ergebnisse aus der Simulation können teilweise nur schwer den zugrunde liegenden Parametern und Datensätzen zugeordnet werden.

- Bereits durchgeführte Simulationen aus der Vergangenheit können nur schwer auf deren Entwicklungsstand überprüft werden.

- Eine fehlende Gliederung der in einem Simulationsprozess enthaltenen Bauteile nach einer übergeordneten Strukturierung (bspw. Stückliste) erschwert u.a. die Vergleichbarkeit und Durchgängigkeit im Projektfortschritt.

1.3 Ziel der Arbeit

Das Ziel dieser Arbeit besteht darin, eine strukturierte Methode als Vorgehensmodell für die frühe Konzeptbewertung zur Verfügung zu stellen. Dabei ist eine Bestrebung von frühen Konzeptbewertungen, dass durch die gestiegenen, funktionalen Anforderungen und durch die vorgegebenen Kostensenkungen eine Verdichtung möglicher Konzepte frühzeitig stattfinden muss, um aus den resultierenden Varianten eine übersichtliche Anzahl an möglichen Erfolgsprodukten zu generieren. Durch die systematische Wiederverwendung von Parametern, Daten und Simulationskomponenten soll ein effizienter, schneller und weniger fehleranfälliger Prozess abgeleitet sowie eine dadurch wachsende Ergebnisqualität sichergestellt werden. Es gilt daher einen Simulationsprozess darzustellen, um eine durchgängige Bewertung der relevanten Anforderungen von Konzeptauslegungen abzusichern. Dabei müssen zum einen statische Berechnungen und zum anderen dynamische Manöverabläufe simulierbar sein. Außerdem wird der neuartige Bewertungsprozess als Grundlage eine definierte Strukturierung mit Hilfe einer Produktstruktur enthalten und damit einen hohen Grad der Automatisierung und einen Umgang mit unterschiedlichen Modellierungstiefen der Komponenten ermöglichen. Unter einer Produktstruktur ist eine Basis für das Modul bzw. den Prozess der Modularisierung zu verstehen, welche eine strukturierte Zusammensetzung eines Produktes aus einzelnen Komponenten oder Baugruppen darstellt. Die Produktstruktur enthält Strukturstufen, in der die Komponenten zusammengefasst werden und in Beziehungen zueinander stehen.[38] Mit dem modularen Aufbau mit Hilfe einer Produktstruktur können viele Varianten durch Kombinieren erzeugt werden.[39]

Das Vorgehensmodell soll Entwicklungsingenieure in den frühen Phasen der Fahrzeugentwicklung bei der Konzeptbewertung unterstützen, um den Reifegrad von Machbarkeitsstudien zu erhöhen. Dadurch können viele Funktionen und Anforderungen an Fahrzeugkonzepte vor dem Konzeptentscheid und nachfolgend dem Aufbau von Prototypen umfassend untersucht werden. Ferner ist ein Konzept zur strukturierten Dokumentation in dieser Arbeit vorgesehen, um die so erzielten Ergebnisse nachhaltig bereitzustellen. Außerdem wird analog dem Baukastenkonzept eine Wiederverwendbarkeit der Modellkomponenten durch Einführung von standardisierten Schnittstellen sichergestellt. Die Validierung des Simulationsprozesses wird am Beispiel eines neuen Fahrzeugkonzepts, welches im Rahmen eines Förderprojektes vom Bundesministerium für Bildung und Forschung in Kooperation mit der Dr. Ing. h.c. F. Porsche AG entwickelt wird, durchgeführt.

1.4 Gegenstand der Untersuchung und Forschungsfrage

Eine Identifikation von Handlungsfeldern auf Basis einer durchgeführten Analyse der Herausforderungen in der frühen Fahrzeugentwicklung liefert konkrete Lösungsvorschläge an ein Vorgehensmodell. Es können die identifizierten Herausforderungen in der Frühen Phase der Fahrzeugentwicklung aus Kapitel 1.2 zusammengefasst werden:

- Steigende Produktkomplexität
- Steigender Kosten- und Zeitdruck durch verkürzte Produktentwicklungszyklen
- Sequentieller Ablauf paralleler Projekte
- Einfluss von Veränderungstreiber und Megatrends auf die Fahrzeugkonzepte
- Berücksichtigung vieler Konzeptalternativen in dem Bewertungsprozess
- Unterschiedliche Modellierungstiefen aufgrund unterschiedlicher Projektreifegrade

---

[38] Vgl. Schuh (2005), S. 119
[39] Vgl. Boos (2008), S. 26

- Alleinstellungsmerkmale, um dem Differenzierungsbedürfnis gerecht zu werden
- Ungleichmäßige Auslastung und Aufgabenverteilungen innerhalb einer oder mehrerer Organisationseinheiten

Aus diesen Herausforderungen lassen sich Anforderungen an ein Vorgehensmodell ableiten, die als Grundlage des Simulationsprozesses dienen. In Abbildung 5 sind die Anforderungen, abgeleitet aus den identifizierten Herausforderungen, dargestellt.

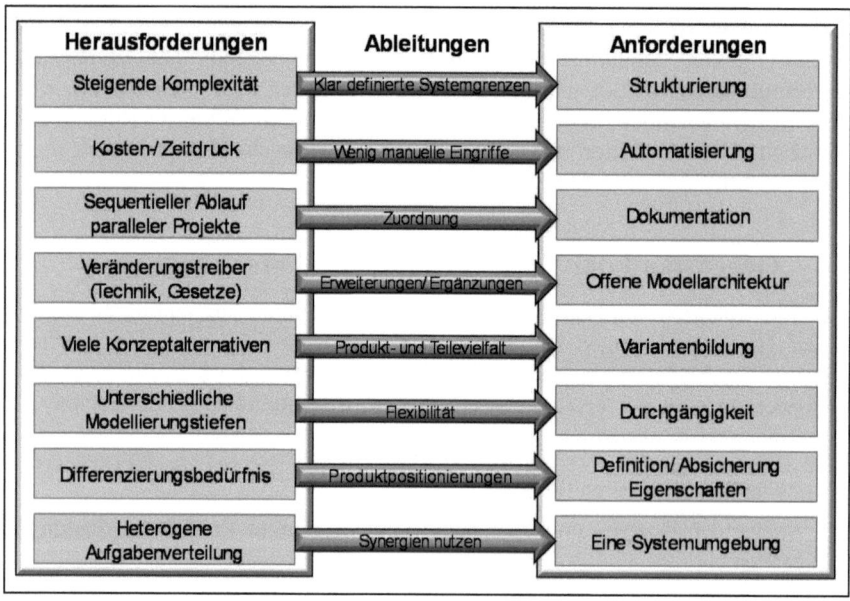

Abbildung 5: Anforderungen abgeleitet aus den Herausforderungen[40]

Des Weiteren werden zusätzliche Anforderungen, welche aus dem praxisnahen Umfeld und auf Grundlage einer Untersuchung von aktuellen Simulationsprozessen identifiziert worden sind, an das Vorgehensmodell zur Berücksichtigung bzw. Integration, gestellt:

- Der durch eine sich oftmals wiederholende Datenaufbereitung entstehende zeitliche Aufwand kann durch ein strukturiertes Datenmanagement deutlich reduziert werden.

---

[40] Eigene Darstellung

1.4 Gegenstand der Untersuchung und Forschungsfrage 13

- Die Einbindung unterschiedlich detaillierter Modelle in der Frühen Phase muss ermöglicht werden.

- Die Auswahl der Simulationskomponenten für eine optimale Konfiguration muss in Abhängigkeit der Anforderungen automatisiert erfolgen.

- Vorgeschaltete Prozesse, wie z. B. statische Abfragen von Metadaten, sollen die Beherrschbarkeit der Komplexität und die Benutzerfreundlichkeit für den Anwender erhöhen.

- Der Simulationsprozess soll die zu diesen Zeitpunkten relevanten Bewertungen der frühen digitalen Erprobung ermöglichen.

- Unterschiedliche Simulationen zu unterschiedlichen Anforderungen sollen strukturiert und mit wenig manuellem Aufwand innerhalb einer gleichen Umgebung durchgeführt werden.

- Anforderungen an das zu bewertende Konzept sollen nacheinander automatisiert durchgeführt werden, ohne manuellen Eingriff bei der Anpassung der unterschiedlichen Simulationskonfiguration.

- Zustandsabhängige Manöversteuerungen[41] und damit die Integration von realitätsnahen Grenzbetriebsbedingungen sollen ermöglicht werden.

- Die Abbildung einer Produktstrukturbasis auf das Simulationsmodell soll die Komponentenschnittstellen festlegen und damit Komponentengruppen in der Simulation darstellen.

- Diese Produktstruktur soll zur Steigerung der Mehrfachverwendung von Komponenten sowie zur Reduzierung des Parametrierungsaufwandes und Unterstützung des Informationsflusses mit dem Ziel der Vereinfachung der Informationsverarbeitung beitragen.

- Benutzerfreundliche Bedienoberflächen sollen die Beherrschbarkeit von einzelnen Prozessschritten erleichtern und die Nutzerakzeptanz erhöhen.

Ein resultierender Lösungsvorschlag ist eine durchgängige Methode, welche auf einer strukturierten Beschreibung der Prozesskette sowie einzelnen Arbeitsergebnissen der jeweiligen Prozessschritte in der Prozesskette basiert. Die gesamte Prozesskette kann dabei als Vorgehensmodell angesehen werden, welche

---

[41] Unter einer zustandsabhängigen Manöversteuerung wird ein Eingriff in den Fahrzustand während dem Ausführen eines Manövers verstanden. Zum Beispiel soll ein Fahrzeug zweimal hintereinander von 0 bis 100 km/h beschleunigen, danach mit 100 km/h weiterfahren und beim Erreichen eines bestimmten Ladezustandes abbremsen und sowohl die Beschleunigungen als auch die anschließende Konstantfahrt wiederholen bis ein neuer Ladezustand erreicht ist. Das Manöver endet beim Erreichen eines kritischen Ladezustandes.

über eine standardisierte Vorgehensweise, also von der Datenaufbereitung, über die Modellbibliothek, zum Simulationsmodell und abschließend zur Ergebnisaufbereitung und -ablage, eine effiziente und effektive Bewertung von Fahrzeugkonzepten realisiert. Es hat sich nämlich gezeigt, dass auch mit gestiegenen Rechenleistungen und optimierten Simulationsverfahren eine „Brute-Force-Methode"[42] bei Fahrzeugkonzeptbewertungen nicht zielführend ist, wenn vor allem flexible Anforderungen an das System gestellt werden. Zusätzlich soll das Vorgehensmodell durch den hohen Grad der Automatisierung und durch den Einsatz einer Simulationsplattform eine benutzerfreundliche Bedienung ohne Programmierkenntnisse bereitstellen.

Auf dieser Grundlage sind die Untersuchungen zu dieser Arbeit abgeleitet und es lässt sich folgende Hypothese aufstellen:

Die Durchgängigkeit und eine weitest gehende Automatisierung eines Simulationsprozesses können einen Beitrag zur Reifegraderhöhung und Effizienzsteigerung bei der Konzeptbewertung in der Frühen Phase der Fahrzeugentwicklung leisten.

Die nachfolgenden Forschungsfragen werden anhand identifizierter Lücken in der aktuellen Vorgehensweise bei Simulationsprozessen in der Frühen Phase der Fahrzeugentwicklung gestützt:

- Wie kann eine Durchgängigkeit und Automatisierung in einem Simulationsprozess aussehen und realisiert werden?

- Welche Anforderungen ergeben sich daraus für die Bewertungsprozesse in der Frühen Phase?

- Wie muss ein Prozess aussehen, der einen strukturierten Ansatz zur Simulation und damit eine Durchgängigkeit aufweist?

- Welche Effekte und Auswirkungen haben die aktuellen Veränderungstreiber in der Automobilindustrie auf die Machbarkeitsstudien der Automobilhersteller aus?

Um die identifizierten Probleme in der Praxis zu untersuchen, wird der entwickelte Simulationsprozess bei der Dr. Ing. h.c. F. Porsche AG eingesetzt. In dieser Umgebung kann die Anwendung einer strukturierten Vorgehensweise bei der Simulation dargestellt werden, da oftmals proprietäre Insellösungen für Berechnungen in der sehr frühen Entwicklungsphase zum Einsatz kommen. Damit kann ein logisch aufeinander aufbauender, durchgängiger Prozess zu einem we-

---

[42] Eine „Brute-Force-Methode" beschreibt das Ausprobieren von allen Möglichkeiten um eine Lösung zu finden.

sentlichen Beitrag in Effizienz, Ergebnisqualität und Bedienbarkeit aufgezeigt werden.

1.5 Aufbau der Arbeit

Kapitel 2 beschreibt die Entstehung eines Produktes und den dafür notwendigen Steuerungsprozess. Da ein Simulationsmodell als virtuelles Produkt angesehen werden kann, kann dessen Entwicklung mit der Entwicklung eines realen Produktes gegenübergestellt werden. Eine Richtlinie unterstützt dabei diesen Prozess.

Das nächste Kapitel beschäftigt sich mit den Simulationsgrundlagen und den Begriffsdefinitionen zur Abgrenzung der Bereiche. In diesem Kapitel werden neben der Klassifikation von Simulationsverfahren auch die Anforderungen an ein künftiges Simulationskonzept dargestellt.

In Kapitel 4 werden die Prozessmodelle und Simulationswerkzeuge vorgestellt. Es folgt eine durchgeführte Bewertung von bereits im Einsatz befindlichen Simulationswerkzeugen und deren Programmiersprachen.

Kapitel 5 beschreibt das Konzept zur methodischen Unterstützung für einen Entwicklungsprozess. Dabei wird der Fokus auf die Strukturbasis und damit auf die Ordnung der Simulationsmodelle innerhalb des Simulationsprozesses gelegt.

In Kapitel 6 dient das geförderte Forschungsprojekt „e-generation" als Anwendungsbeispiel, um den vorgestellten Simulationsprozess operativ anzuwenden. Zuvor wird das Projekt und das in Kooperation mit der Dr. Ing. h.c. F. Porsche AG zu entwickelnde Fahrzeug vorgestellt. Die Fahrzeugeigenschaften werden definiert und für die Simulation zugänglich gemacht. Das Kapitel schließt mit einer abschließenden, simulativen Bewertung des Gesamtkonzepts.

Die Arbeit endet im siebten Kapitel mit der Zusammenfassung und einem Ausblick auf weitere Projektschritte.

2 Von der Idee über das Konzept zum Serienprodukt

In diesem Kapitel wird als Einstieg die Produktentwicklung als Aufgabe definiert, die mit einer Idee zum Anstoß des Prozesses beginnt und mit der Entsorgung des Produktes am Ende seiner Lebenszeit abschließt. Als Steuerungsfunktion dient der Produktentstehungsprozess[43], welcher schematisch erläutert wird. Anschließend wird der Produktentstehungsprozess beispielhaft in der Automobilindustrie skizziert. Bevor das Kapitel mit der VDI-Richtlinie 2221 als Leitlinie für methodisches Entwickeln abschließt, findet eine detaillierte Betrachtung der Frühen Phase in der Automobilindustrie und der darin enthaltenen Aktivitäten zur Einordnung des vorgesehenen Simulationsprozesses statt.

2.1 Die Produktentwicklung und der Produktentstehungsprozess

Die Produktentwicklung dient der Realisierung neuer Produkte am Markt. Die Ursachen können beispielsweise durch notwendige Neuentwicklungen aufgrund von Gesetzesänderungen oder Erweiterungen durch Technologiefortschritte hinsichtlich Qualität, Sicherheit, Bedienbarkeit und Leistungsfähigkeit hervorgerufen werden.[44] Eine Definition des Begriffs Produktentwicklung wird von Pahl und Beitz gegeben. Sie beschreiben die Produktentwicklung als die präzisierte Aufgabe für den Übergang vom Qualitativen zum Quantitativen.[45]

Viele unterschiedliche Faktoren beeinflussen die Produktentwicklung (siehe Abbildung 6**Fehler! Verweisquelle konnte nicht gefunden werden.**). So ist zum einen der Kunde zu nennen, welcher ein Produkt nach seiner Vorstellung in Qualität, Preis und Zeit fordert.[46] Zum anderen sind die Rahmenbedingungen der jeweiligen Märkte sowie der Finanzsituation und des Wettbewerberumfeldes zu berücksichtigen.[46] Weitere, zusätzliche Einflussnahme erfolgt auch durch die unterschiedlichen Treiber, welche im ersten Kapitel identifiziert wurden.

---

[43] Als Synonym zum Begriff Produktentstehungsprozess wird der Begriff Produktentwicklungsprozess verwendet

[44] Vgl. Lindemann (2009), S. 14 oder Herstatt, Verworn (2007), S. 8

[45] Vgl. Pahl, Beitz (2007), S. 189

[46] Vgl. Lindemann (2009), S. 7

18 2 Von der Idee über das Konzept zum Serienprodukt

Abbildung 6: Beteiligte Bereiche in der Produktentwicklung[47]

Neben den oben erwähnten Einflussfaktoren auf die Produktentwicklung gibt es unterschiedliche Prozessmodelle, um die Produktentwicklung zu steuern und zu strukturieren. Damit ist der Produktentwicklungsprozess eine Art Vorsteuerfunktion, in der die Potentiale eines möglichen Serienproduktes zum Markterfolg im Zusammenhang mit der zur Verfügung stehenden Technologie und dem Wettbewerb bewertet werden. Sie hat daher keine direkte Wahrnehmung am Markt, sondern wird dort durch die realisierten Produkte repräsentiert.[48]

Der Produktentwicklungsprozess beschreibt den kompletten Lebenszyklus eines Produktes. Die Produktentwicklung beginnt daher immer mit einer Produktidee und endet nach einer erfolgreichen Überführung der Idee in ein Serienprodukt mit dessen Entsorgung. Um solch ein Produkt in einem Unternehmen erfolgreich entwickeln zu können, wird das Vorhandensein dieses Prozesses vorausgesetzt. Er beschreibt auf Makroebene die Verteilung von Aufgaben und die Definition von Meilensteinen.[49] Diese Aufteilung von Entwicklungsaufgaben auf Entwicklungsteams mündet dabei in einer organisatorischen Gestaltungsherausforderung und ist das Grundelement des Entwicklungsprozesses.[50] Unter dem Begriff Prozess wird in dieser Arbeit die Definition nach Lindemann als „eine Folge von Aktivitäten unter Nutzung von Information und Wissen sowie materi-

---

[47] Eigene Darstellung in Anlehnung an: Vgl. Lindemann (2009), S. 8
[48] Vgl. Schömann (2012), S. 60
[49] Vgl. Töpfer (2009), S. 312
[50] Vgl. Göpfert (1998), S. 59-60

2.1 Die Produktentwicklung und der Produktentstehungsprozess

ellen Ressourcen" verstanden.[51] Dabei werden analog zu einem System[52] die Ausgangsinformationen durch Beziehungen zu den Eingangsinformationen erarbeitet.[51] Mit der Definition der Produktentwicklung und der Definition des Prozesses lässt sich der Produktentwicklungsprozess als „ein Prozeß der schrittweisen Reduktion von Unklarheiten"[53] beschreiben.

In der Literatur finden sich viele unterschiedliche Modelle für die Steuerung und Strukturierung der Produktentwicklung mit Hilfe von Produktentwicklungsprozessen. Diese können sich dabei in der Phasenanzahl, Phasenfolge und Logik unterscheiden. Abhängig von der Phasenanzahl und dem zu entwickelnden Produkt können die Prozesse der Produktentwicklung oftmals lange Zeitspannen aufweisen, welche es zu strukturieren gilt, indem sie in einzelne Abschnitte oder Phasen aufgeteilt werden. Diese Aufteilung dient dazu, eine Übersicht über die anstehenden Handlungsfelder und deren zeitliche Beanspruchung zu bekommen.

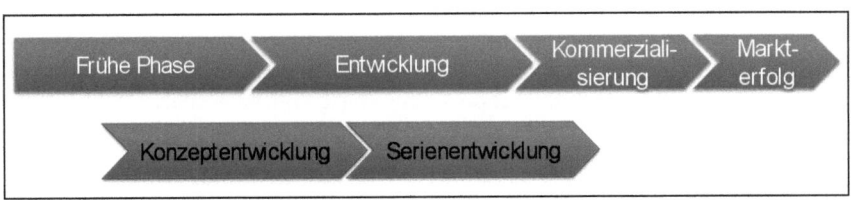

Abbildung 7: Prozessuale Gliederung der Phasen in der Produktentwicklung[54]

Wie in Abbildung 7: dargestellt können vier Phasen nach Tatarczyk in der Produktentwicklung unterschieden werden: Die Frühe Phase, die Entwicklung des Produktes, die Kommerzialisierung und den abschließenden Markterfolg. Gerade für den Begriff „Frühe Phase" gibt es in der Literatur im deutschsprachi-

---

[51] Vgl. Lindemann (2009), S. 16

[52] Vgl. Abschnitt *Sind bestimmte Fragestellungen zu* beantworten oder eine Methode zur Problemlösung zu finden, ist eine Simulation für bestimmte technische oder wissenschaftliche Bereiche optimal geeignet. Unter der Simulation wird ein Nachahmen eines Systemverhaltens verstanden, welches einen bestimmten Sachverhalt und „[...] Eigenschaften untersucht, die nicht mittels einer analytischen Berechnung erfasst werden können [...]". Das Wort Simulation leitet sich aus dem lateinischen Begriff „simulare" ab und bedeutet „vortäuschen", „darstellen" oder „nachbilden". Der Begriff der Simulation wird nach den Richtlinien 3633 vom VDI als Nachbildung eines Systems beschrieben, welches dynamische Prozesse in einer Modellumgebung abbildet, „[...] um zu Erkenntnissen zu gelangen, die auf die Wirklichkeit übertragbar sind." Zusammenfassend lässt sich die virtuelle Simulation im Gegensatz zur physikalischen als Experimentieren am Modell erklären mit den vorteilhaften Merkmalen, dass diese Art der Simulation nicht nur besser steuerbar und beeinflussbar, sondern auch die gewonnenen Ergebnisse und resultierenden Signale einfacher messbar sind. Definition des Begriffs System, Seite 31

[53] Vgl. Göpfert (1998), S. 60

[54] Eigene Darstellung in Anlehnung an: Tatarczyk (2009), S. 15

gen Raum oftmals mehrere Bezeichnungen, wie Produktkonzeption bzw. Vorphase oder Vorentwicklungs- und Produktplanungsprozess oder Projektvorbereitung und –planung.[55] Allerdings werden die Begriffe recht einheitlich verwendet.[56] Im englischsprachigen Raum finden sich hingegen die Begriffe „fuzzy front-end", „front-end"[57], „phase zero", „initiation stage", „early stages", „early phases", „preproject phases", „predevelopment" oder „up-front activities".[58] Am besten wird diese Phase durch den Begriff „fuzzy" charakterisiert, da die Aktivitäten zu diesem Zeitpunkt meist unstrukturiert und sehr dynamisch ablaufen.[59] Die unterschiedlichen Aufzählungen sollen der Repräsentation der verschiedenen Charakteristiken dienen, die vor allem in der englischsprachigen Literatur deutlich zum Tragen kommt. In der vorliegenden Arbeit wird im Folgenden der Begriff „Frühe Phase" verwendet und die drei nachfolgenden Phasen nach Tatarczyk mit dem Begriff „back-end" zusammengefasst. Der Zeitabschnitt des „back-end" beginnt immer mit der Produktentwicklung und endet je nach Vorgehensmodell mit der Markteinführung oder sogar mit der Entsorgung des Produktes. Dieses „back-end" beinhaltet damit auch die vollständige Produktion und den Serienanlauf. Die vorangehende Frühe Phase soll im weiteren Verlauf des Kapitels detaillierter betrachtet werden.

Eine weitere Aufteilung in Phasen kann mit einer Gliederung zwischen Konzept- und Serienentwicklung, welche ebenfalls in Abbildung 7: dargestellt ist, realisiert werden. Dabei findet der Übergang in die Serienentwicklung, bei der das Produkt allmählich den Status eines Prototyps verlässt, am Ende der Konzeptentwicklungsphase statt. Diese sehr abstrakte Einteilung der Phasen soll nur der Übersichtlichkeit dienen und erhebt keinen Anspruch auf Vollständigkeit. Für detaillierte Betrachtungen von Produktentwicklungsprozessen sei auf die einschlägige Literatur verwiesen.[60]

---

[55] Vgl. Verworn (2005), S. 14

[56] Die wissenschaftliche Forschungsgruppe ist um Prof. Herstatt, Cornelius angesiedelt. Vgl. Herstatt, Verworn (2007) und Verworn (2005)

[57] Vgl. Koen et al. (2001), S. 46

[58] Vgl. Verworn (2005), S. 14

[59] Vgl. Herstatt, Verworn (2007), S. 12

[60] In den Werken von Lindemann (2009), Cooper (2202) oder Pahl, Beitz (2007) werden die unterschiedlichen Produktentwicklungsprozesse detailliert erläutert

2.2 Der Produktentstehungsprozesses in der Automobilindustrie

Die Wichtigkeit eines Produktentstehungsprozesses im Hinblick auf die Frage, wie der Zusammenhang zwischen Erfolgsdimensionen eines Automobilunternehmens im Lebenszyklus des Produktes aussieht, zeigt Abbildung 8. Die zeitliche Verschiebung der Realisierung von Erfolgsdimensionen zur Festlegung dieser, verdeutlicht die Bedeutung und den Einfluss von Entscheidungen im Produktentwicklungszyklus. So können Fehlentscheidungen in den frühen Phasen der Entwicklung zu erheblichen Kosten zur Beseitigung zu späteren Zeitpunkten führen. Specht referenziert dabei auf eine Studie von Cresse und Moore, welche in der Entwicklungsphase einen Anteil von 75-85% der aufsummierten Produktlebenskosten und eine Reduktion der Einflussnahme auf die Erfolgsdimensionen ausmachen. [61]

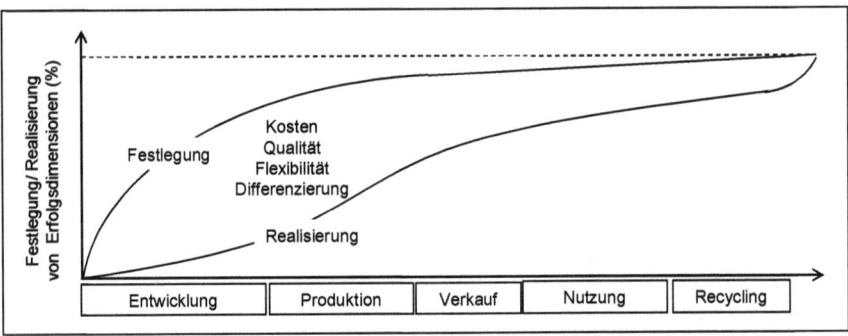

Abbildung 8: Qualitative Darstellung der Erfolgsdimensionen als zeitliche Abhängigkeit im Pro-duktentstehungsprozess[62]

Neben den Kosten als Erfolgsdimension in der Produktentwicklung gibt es weitere Erfolgsdimensionen: die Qualität bzw. der Reifegrad und die Zeit. Zusammengenommen spannen diese drei Dimensionen „das Dreieck der Betriebswirtschaftslehre" auf und sind in Abbildung 8:9 dargestellt.[63]

---

[61] Vgl. Specht (2002), S. 5
[62] Eigene Darstellung in Anlehnung an: Specht (2002), S. 5
[63] Vgl. Töpfer (2009), S. 62

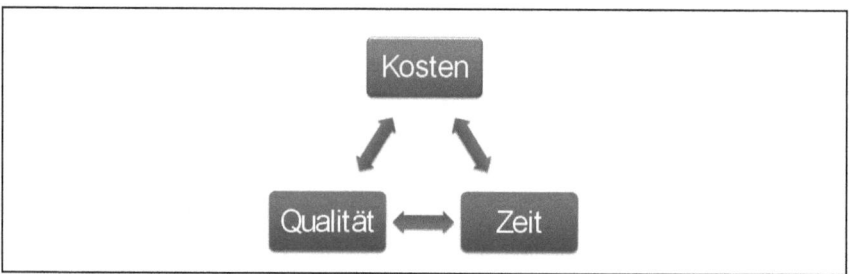

Abbildung 9: Die drei Erfolgsdimensionen der Betriebswirtschaftslehre[64]

Bei Änderung einer Dimension muss ein marktfähiges Unternehmen darauf achten, dass sich das Verhältnis nicht zu Lasten der anderen beiden Dimensionen verschiebt, so dass eine Trade-Off Beziehung[65] und damit ein Zielkonflikt entsteht. Beispielsweise können die Einsparungen von Kosten dazu führen, dass mit Qualitätseinbußen und negativen Auswirkungen auf die Entwicklungszeit (zum Beispiel durch Verknappung von Ressourcen) zu rechnen ist. Eine positive Beziehung hingegen ist, dass verkürzte oder beschleunigte Entwicklungszeiten dazu beitragen können, dass Kostenziele, durch Verringerung des Entwicklungsrisikos, und Qualitätsziele, durch Einsatz virtueller Methoden, erreicht werden.[66] Diese beiden Beispiele zeigen, dass für eine positive Richtungsentscheidung eine Steuerung des Prozesses notwendig ist. Ein schematisches Ablaufmodell zur Steuerung von Entwicklungsprozessen in der Automobilindustrie wird nachfolgend vorgestellt.

Die teilweise widersprüchlichen Sichtweisen der unterschiedlichen Modelle für die Produktentwicklung spiegeln sich in den unterschiedlichen Ansätzen wider. Keiner dieser Ansätze ist allerdings für die Produktentwicklung in der Automobilindustrie hinreichend genug, um ihn ohne Anpassung an die unternehmerischen Bedürfnisse zu übernehmen. Eine phasenorientierte Art von Ablaufmodellen (rein sequenzieller Charakter) ist nicht für komplexe Produktentwicklungen, wie beispielsweise die Fahrzeugentwicklung, geeignet. Bei komplexen Produkten ist es oftmals so, dass das „Wissen hinsichtlich Spezifikation und zielgerichteter Lösung erst im Laufe der Entwicklung vollständig auf[ge]baut" wird.[67] Ein stringentes, sequenzielles Durchschreiten der Phasen ist damit nicht zielführend. Die phasenorientierten Modelle finden daher eine breite

---

[64] Eigene Darstellung in Anlehnung an: Töpfer (2009), S. 62
[65] Eine Trade-Off Beziehung ist eine gegenläufige Abhängigkeit, welche die Verbesserung eines Zustandes bei gleichzeitiger Verschlechterung eines abhängigen Zustandes beschreibt
[66] Vgl. Lindemann (2009), S. 58 f.
[67] Vgl. Schömann (2012), S. 82

2.2 Der Produktentstehungsprozesses in der Automobilindustrie

Anwendung bei den Innovationsprozessen. Für die Automobilentwicklung wird ein Ablaufmodell mit klar definierten Meilensteinen und einer iterativen Vorgehensweise bevorzugt.

Das Automobil kann im Allgemeinen als ein komplexes Produkt angesehen werden. Im Speziellen bezieht sich dabei aber der Begriff Komplexität sowohl auf die vielen technologisch anspruchsvollen Bauteile, die einen Einfluss auf den Charakter eines Fahrzeugs haben (interne Komplexität[68]), als auch auf die unterschiedlichsten Schnittstellen zwischen Kunde und Auto (externe Komplexität[68]). Um dieses komplexe Produkt zu entwickeln ist ein Vorgehensmodell notwendig, welches die einzelnen zu durchlaufenden Phasen aufzeigt. Trotz der sequenziellen Darstellung eines Produktentstehungsprozesses in der Automobilindustrie ist es notwendig, dass ein interdisziplinärer Charakter vorherrscht. Durch diese mehrdimensionale Komplexität des Produktes kann nicht ein Expertenteam spezifische Arbeitspakete abarbeiten und an die nächste Stufe übergeben, sondern es müssen funktionsübergreifende Aktivitäten innerhalb der Phasen durchgeführt werden.[69] Um die Qualität über den gesamten Entwicklungsprozess sicherzustellen und die anvisierten Entwicklungsziele wie geplant zu erreichen, sind Meilensteinvorgaben zwingend erforderlich. Der wohl wichtigste Meilenstein ist der Zeitpunkt der Serienproduktion, welcher SoP (Start of Production) genannt wird und an welchem sich die Zeitrechnung und die Verteilung der weiteren Meilensteine ausrichten. So befindet man sich beim ersten Meilenstein bis zu mehrere Jahre vor SoP. Diese beiden Meilensteine geben den Rahmen von den wohl wichtigstten Phasen des Produktentwicklungsprozesses in der Automobilindustrie vor. Die weiteren Meilensteine innerhalb dieses Zeitrahmens sorgen dafür, dass der Reifegrad des Produkts nach jeder durchlaufenen Phase sukzessive und nachvollziehbar steigt. Wenn eine Entscheidung an einem Meilenstein zu einem Abbruch führen sollte, ist es möglich, sich durch Iterationen an einen verbesserten Entwicklungsstand heranzutasten. Diese Schleifen sollen, wenn möglich, vermieden werden, da sie im schlimmsten Fall eine Verschiebung des geplanten SoP bedeuten und damit zu einem Wettbewerbsnachteil bei Markteinführung werden. Solche Verschiebungen sind dann mit hohen finanziellen Verlusten verbunden. Eine beispielhafte Verteilung von Meilensteinen, das ein Fahrzeugprojekt während der Entstehungsphase durchschreiten muss, ist in Abbildung 9:10 dargestellt.

---

[68] Auf die Begriffe interne und externe Komplexität soll in dieser Arbeit nicht weiter eigegangen werden. Eine ausführliche Beschreibung findet der Leser in dem Werk von Sörensen (2006), S. 13 f.
[69] Vgl. Pahl, Beitz (2007), S. 205 f.

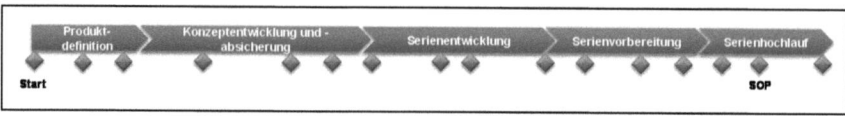

Abbildung 10: Beispielhafter Produktentstehungsprozess im Automobilunternehmen[70]

2.3 Die Rolle von Zulieferern im Produktentstehungsprozess

Die immer stärker wachsenden Anteile an Fremdvergabepaketen der OEMs an die Zulieferer beinhalten nicht nur die Fertigung von Komponenten und Modulen (siehe Abbildung 11), sondern auch deren Entwicklung (siehe Abbildung12**Fehler! Verweisquelle konnte nicht gefunden werden.**).[71] Damit werden die Zulieferer mit neuen Herausforderungen konfrontiert, nämlich die Verantwortung für ein Produkt vom Entwurf bis zur Fertigung zu übernehmen. Für den OEM bedeutet eine solche Auslagerung von Entwicklungsarbeiten die Reduktion von Projektkoordinationsaufwänden und neue, attraktivere Verrechnungsmodelle, wie das Umlegen der Kosten für die Entwicklung auf den späteren Stückpreis.[71] [72] Dabei darf aber nicht die Kernkompetenz[73], nämlich die Gesamtfahrzeugsicht für neue Konzepte, als externe Entwicklungsaufgabe vergeben werden, sondern muss weiterhin bei jedem OEM selbst bleiben. Eine zusätzliche Herausforderung ist der enge Kontakt zwischen OEM und Zulieferern schon in den frühen Entwicklungsphasen, wo die Beziehung zu Beginn oftmals auf stark fluktuierende Informationen und Daten beruht. Daher muss sich ein OEM dieser neuen Verteilung von Entwicklungsaktivitäten bewusst werden und auch Prozesse zur Bewertung der extern zu entwickelnden Komponenten und Module bereitstellen. Ansonsten besteht die Gefahr, dass erst zu späten Zeitpunkten ein Fehlverhalten oder eine Zielverfehlung, beispielsweise durch das zugelieferte Bauteil hervorgerufen, entdeckt wird und zu Anlaufproblemen oder Verzögerungen führen kann.

---

[70] Eigene Darstellung
[71] Vgl. Rose (2004) sowie VDI Nachrichten Düsseldorf 20.02.2004, Homepage http://www.ingenieur.de/Branchen/Maschinen-Anlagenbau/Entwicklung-fuer-Automobilzulieferer-Kernkompetenz Zeitpunkt des Abrufs: 09.08.2013
[72] Ein Beispiel eines Verrechnungsmodells ist das spezifische Betreibermodell *pay on production*. Für weitere Details wird auf die Werke von Meier (2004), S. 15 f. oder Pautsch (2008), S. 59 f. verwiesen
[73] Unter einer Kernkompetenz ist der Begriff nach Heftrich zu verstehen: „Kernkompetenzen repräsentieren besondere Fähigkeiten in bestimmten Abschnitten der Wertschöpfungskette, die das Unternehmen im Vergleich zu der Konkurrenz auszeichnen." (vgl. Heftrich (2000), S. 17)

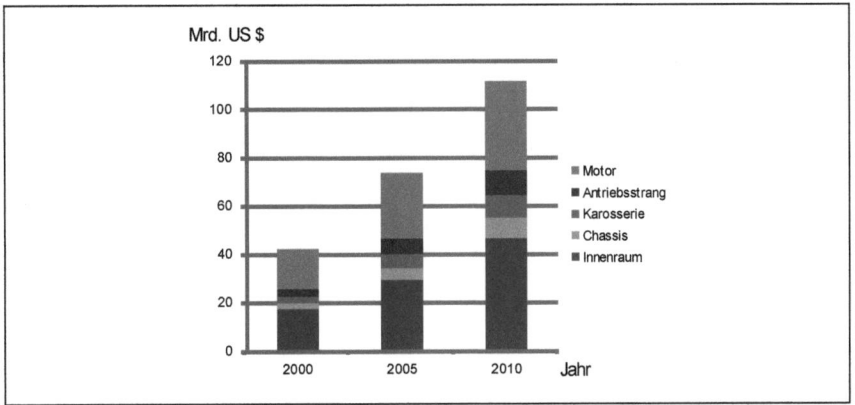

Abbildung 11: Der Umsatz mit Komplettmodulen steigt über die Jahre stetig an[74]

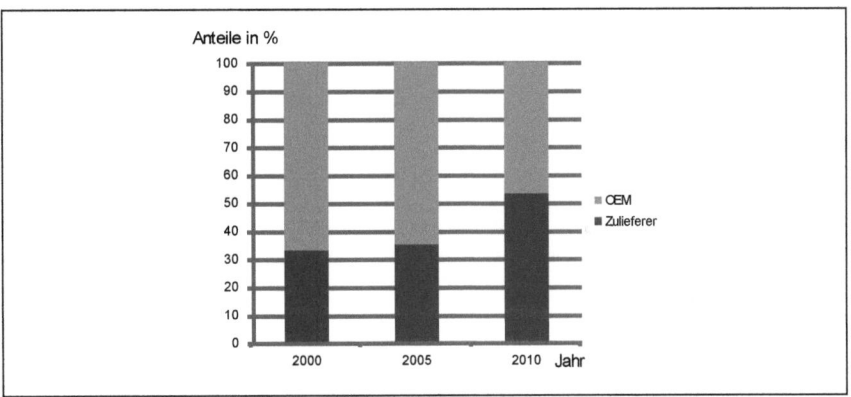

Abbildung 12: Zunahme der externen Entwicklungsarbeiten bei Zulieferern[75]

2.4 Die Frühe Phase des PEPs in der Automobilindustrie

In diesem Abschnitt soll erläutert werden, dass es keine strukturierten Vorgehensweisen oder Abläufe in der Frühen Phase der Fahrzeugentwicklung gibt und damit kein Vorgehensmodell, um diese Aktivitäten vollständig zu beschreiben. Denn nicht nur in unterschiedlichen Sprachen, auch in unterschiedlichen Unternehmen der Automobilindustrie wird der Begriff der Frühen Phase unterschied-

---

[74] Eigene Darstellung in Anlehnung an: Wildemann (2007), S. 16
[75] Eigene Darstellung in Anlehnung an: Wildemann (2007), S. 18

lich definiert und verstanden. Doch als gemeinsamen Tenor lässt sich bei allen Unternehmen die hohe Relevanz der Aktivitäten in der Frühen Phase ausmachen.[76] Besonders im Hinblick auf Dauer und Erfolg der Produktidee trägt diese Prozessphase zu den bestimmenden Parametern der Entwicklung bei. Außerdem werden ebenso die drei wesentlichen Dimensionen des Dreiecks der Betriebswirtschaftslehre (Kosten, Qualität und Zeit) in der Frühen Phase bestimmt:[77]

„The real key to product development success lies in the performance of the front-end activities. Most projects do not fail at the end; they fail at the beginning."[78]

In der Literatur werden in der Frühen Phase die Aktivitäten aufgezählt, die ausgeführt werden müssen, bevor die Umsetzung eines Produktkonzepts mit der Freigabe von umfangreichen Ressourcen stattfindet.[79] Diese vorangestellte, kreative, aber auch unstrukturierte Phase der Produktentwicklung beinhaltet beispielsweise die Ideenfindung und die Konzeptentwicklung, welche noch keinen Fokus auf die konkrete Produktgestaltung haben.[80] Zusammenfassend sind die Abläufe von der ersten Produktidee bis zur Definition des Produktkonzepts und der anschließenden Entscheidung über die Umsetzung des Konzeptes zu einem serienreifen Produkt in der Frühen Phase verankert.[81] Eine zentrale Aufgabe in der Frühen Phase ist das Treffen von Entscheidungen (Go/No-Go), welche von den Bewertungen zu diesen Zeitpunkten abhängen und zur Vorbereitung der Entscheidungen dienen.[82]

Daher wird die Frühe Phase von der zeitlich folgenden Produktentwicklung durch diese Go/No-Go Entscheidung abgetrennt. Das bedeutet, dass das Management darüber bestimmt, ob und wie das Konzept weiterverfolgt wird. Solch eine Entscheidung kann hierbei wie folgt lauten:[83]

- Übernahme des Konzepts als Projekt inklusive Freigabe der benötigten Ressourcen.

- Weitere Detaillierung des Konzepts; das Konzept bleibt damit in der Frühen Phase.

- Das Konzept oder ein Teil des Konzepts wird zur Verwendung außerhalb der Produktentwicklung im Sinne des Open Innovation Ansatzes freigegeben.

---

[76] Vgl. Verworn (2005) oder Tatarczyk (2009), S. 24-25, Verworn, Herstatt (2005), S. 17-19
[77] Vgl. Tatarczyk (2009), S. 25
[78] Vgl. Khurana, Rosenthal (1998), S. 57–74
[79] Vgl. Herstatt, Verworn (2007), S. 8
[80] Vgl. Glende (2010), S. 27
[81] Vgl. Verworn (2005), S. 15
[82] Vgl. Heesen (2009), S. 41
[83] Vgl. Tatarczyk (2009), S. 28

2.4 Die Frühe Phase des PEPs in der Automobilindustrie

- Das Konzept wird zurückgestellt bzw. eingefroren und die dazu gehörige Dokumentation archiviert.

In der Praxis lässt sich die Frühe Phase jedoch nicht immer scharf im Produktentwicklungsprozess abgrenzen, da nicht in allen Fällen eine eindeutige und klare Entscheidung stattfindet.[84] Genauso wenig kann der genaue Start der Frühen Phase bestimmt werden, da oftmals Impulse oder Gelegenheiten, wie beispielsweise der technische Fortschritt, neue gesetzliche Bestimmungen, geänderte oder neue Kundenbedürfnisse, der Markteintritt eines Wettbewerberprodukts oder einer Managemententscheidung den Anstoß dafür geben.[85] Als Ergebnis der Frühen Phase beschreibt Tatarczyk unter anderem, dass die umsetzbaren Produktkonzepte in Spezifikationen schriftlich dokumentiert und deren Eigenschaften, die sie vom Wettbewerb abgrenzen, beschrieben sind. Als technisches Produktkonzept weist Tatarczyk explizit auf die „Beschreibung und Modelle wesentlicher Funktionen und kritischer Anforderungen"[86] hin, welche als Schwerpunkt in dieser Arbeit im Simulationsprozess integriert werden. Eine mögliche Aufteilung der Frühen Phase geben Herstatt und Verworn.[87] Sie untergliedern die Frühe Phase in zwei Teile: Phase Eins beinhaltet die Ideengenerierung und –bewertung. Phase Zwei beschäftigt sich mit der Konzeptbearbeitung und der Produktplanung. Anzumerken ist, dass diese Aufteilung keine real ablaufenden Prozesse detailgetreu beschreibt, sondern vielmehr der Orientierung dienen soll, dass sich nämlich der Einsatzzeitpunkt des vorgesehenen Simulationsprozesses in Phase Eins, der Ideenbewertung, befindet.

Einen besonderen Fokus in der Frühen Phase nimmt beispielsweise die Entwicklung der Elektronik und der elektrischen bzw. elektrifizierten Bauteile der Fahrzeuge ein, welche durch die zunehmende Integration von Komponenten und Modulen durch intelligente Verknüpfungen zu Systemapplikationen mit steigenden Funktionen beinahe alle Eigenschaften des Automobils positiv beeinflusst (siehe Abbildung 13). Als Beispiel seien hier die Performance in Längs- und Querrichtung, die Abgasemissionen, die Spreizung zwischen komfortabler und dynamischer Fahrweise, das Infotainmentangebot sowie Effizienzverbesserung des gesamten Triebstranges genannt.

---

[84] Vgl. Verworn (2005), S. 14
[85] Vgl. Herstatt, Verworn (2007), S. 8
[86] Vgl. Tatarczyk (2009), S. 27-28
[87] Vgl. Herstatt, Verworn (2007), S. 9

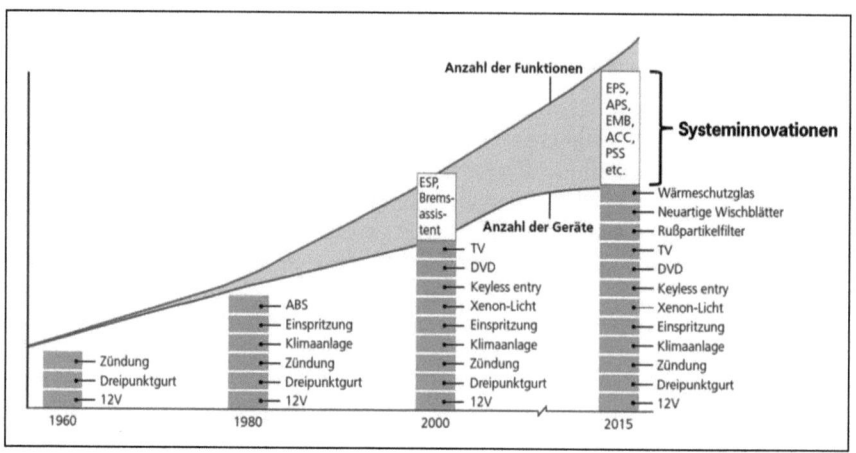

Abbildung 13: Steigender Trend von Einzelinnovationen zu Systeminnovationen[88]

Jeder dieser Kategorien wird in der Frühen Phase der Konzeptentwicklung besondere Aufmerksamkeit zuteil. Trotzdem ist es nicht ausreichend, diese Disziplinen getrennt voneinander zu betrachten, sondern es müssen deren Abhängigkeiten und Vernetzungsmöglichkeiten untereinander sowie Schnittstellen nach außen bekannt sein und bewertet werden können. Für solche Konzeptideen müssen Werkzeuge geschaffen werden, welche eine Bewertung und (erstmals) grobe Analysen der ganzheitlichen Fahrzeugkonzepte zulassen. Für diese Analysen in der Elektrik-Elektronik-Entwicklung gibt es kommerzielle Werkzeuge, die einen ersten Ansatz zur vernetzten Bewertung bereitstellen. Handlungsbedarf scheint es aber bei der Gesamtfahrzeugbewertung in der Frühen Phase zu geben. Hier sind oftmals „Insellösungen" einzelner Fragestellungen vorhanden, welche in einer unstrukturierten Art und Weise auf wenige Anforderungen eingehen können. Dieser Lösungsansatz benötigt einen hohen zeitlichen Aufwand und hat nur eine beschränkte Möglichkeit zur Wiederverwendbarkeit. Auch der Integrationsaufwand neuer Komponenten lässt sich nur schwer realisieren. Zudem ist immer das Expertenwissen notwendig, um diese Systeme aufzubauen, zu erweitern oder zu bedienen.

---

[88] Vgl. Wyman (2007), S. 12

2.5 VDI 2221 als Vorgehensmodell

Ein allgemein gültiges und an die unternehmerischen Bedürfnisse sowie an deren Aufgaben anpassbares Vorgehensmodell zur Strukturierung von Prozessen beschreibt die VDI-Richtlinie 2221. Sie stellt die Zusammenhänge und wesentlichen Arbeitsschritte als Leitlinie für das methodische Entwickeln dar und wird auch als Leitlinie für den entwickelten Simulationsprozess verwendet. Die VDI-Richtlinie 2221 sowie die bekannten Ansätze von Pahl und Beitz[89] unterstützen die Vorgehensweise, indem eine Zuordnung von Komponenten und Funktionen realisiert wird. Damit liefert das Vorgehensmodell einen wesentlichen Ansatz zur Modularisierung.[90] Da es keine zeitliche Einschränkung im Produktentstehungsprozess für den Einsatz der Richtlinie gibt, wird sie in dieser Arbeit als Vorschlag für die Verwendung in der Frühen Phase genommen. Die sieben allgemeinen Arbeitsabschnitte können branchenabhängig in vier Phasen eingegliedert werden. Für die methodische Entwicklung sind allerdings die sieben Arbeitsabschnitte als Hauptmerkmale interessant, da sie im Gegensatz zu den Phasen einen iterativen Charakter haben, um eine schrittweise Optimierung durch Zurückspringen auf den vorhergehenden Abschnitt zu erlauben. Zwischen diesen Arbeitsabschnitten werden am Ende jeweils die Arbeitsergebnisse dokumentiert. Diese Dokumentationen sind Entscheidungshilfen, welche analog zum Stage-Gate Modell von Cooper[91] als eine Art Kontrollpunkt für den Übergang in den nächsten Arbeitsabschnitt dienen können. Die Arbeitsabschnitte inklusive der Arbeitsergebnisse werden im Nachfolgenden kurz erläutert und sind in Abbildung 14 dargestellt:[92]

Arbeitsabschnitt 1:
Im ersten Abschnitt des methodischen Vorgehensmodells werden die Anforderungen an das Produkt formuliert und die zugehörigen Informationen gesammelt. Das Ergebnis ist eine Anforderungsliste, welche durch alle Arbeitsschritte hinweg auf dem Laufenden gehalten und aktualisiert werden muss.

---

[89] Vgl. Pahl, Beitz (2007)
[90] Vgl. Boos (2008), S. 24
[91] Für eine detaillierte Betrachtung des Stage-Gate Modells von Cooper wird auf den Anhang verwiesen. Zusammengefasst soll hier lediglich erwähnt werden, dass eine Analyse gezeigt hat, dass das Modell aufgrund des sequenziellen Charakters nicht für das vorgesehene Simulationswerkzeug geeignet ist. An dieser Stelle wird zusätzlich auf das Modell von Ulrich und Eppinger im Anhang verwiesen, welches zwar einen iterativen und interdisziplinären Charakter aufweist (im Gegensatz zum Stage-Gate Modell), jedoch durch nicht klar definierte Entscheidungskriterien keine eindeutige Leitlinie für ein Simulationsprozess darstellt.
[92] Vgl. VDI-Richtlinie 2221 (1993-2005), S. 2-11

Arbeitsabschnitt 2:
Im nächsten Schritt werden die Gesamtfunktion sowie die Teilfunktionen des zu entwickelnden Produkts ermittelt. Die wesentlichen Teilfunktionen können zu einer oder mehreren Funktionsstrukturen als Ergebnis dokumentiert werden.

Arbeitsabschnitt 3:
Für die Beschreibung der Wirkstruktur, zum Erfüllen der Funktionen, werden prinzipielle Lösungen gesucht.

Arbeitsabschnitt 4:
Bevor die Detaillierung der prinzipiellen Lösungen erfolgt, werden sie in realisierbare Module gegliedert, um eine effiziente Arbeitsteilung und eine Übersichtlichkeit durch die Strukturierung zu erhalten. Diese modularen Strukturen sind das Ergebnis des vierten Arbeitsschritts.

Arbeitsabschnitt 5:
Die einzelnen Module werden grob hinsichtlich unterschiedlicher Festlegungen ausgestaltet. Die maßgebenden Module können zu einem Grobkonzept zusammengeführt werden, welche zu einer Art Vorentwürfe dargestellt werden.

Arbeitsabschnitt 6:
Die im vorhergegangen Arbeitsabschnitt fünf grob gestalteten Module werden nun detailliert bearbeitet und fehlende Elemente hinzugefügt. Der so entstehende Gesamtentwurf enthält alle Festlegungen zur Produktrealisierung.

Arbeitsabschnitt 7:
Der letzte Arbeitsschritt beinhaltet die Ausarbeitung von Nutzungs- und Ausführungsangaben und mündet in der Produktdokumentation.

Diese strukturierte Vorgehensweise stellt sicher, dass bei der Produktentwicklung auch übergreifende Einflüsse beachtet werden und eine Integration der unterschiedlichen Disziplinen vorgehalten wird. Wenn nochmals ein Schritt zurückgegangen wird und die Aufgabengebiete in der Frühen Phase in der Automobilindustrie angeschaut werden, betreffen die ersten Auslegungen eines Konzepts immer zwei unterschiedliche Gesichtspunkte: die Geometrie und die Funktionen eines Fahrzeugs.

Historisch betrachtet entsteht ein neues Fahrzeugkonzept maßgeblich aus der Geometrie und dem Maßkonzept. Dabei werden Vorgängerfahrzeuge oder Wettbewerbs- und Benchmark-Fahrzeuge als Referenz herangezogen und nach ihren geometrischen Charakteristiken bewertet. Dieser geometrische Prozess der Auslegungen auf Bauteil-, System- und Gesamtfahrzeugebene wird Digital

2.5 VDI 2221 als Vorgehensmodell

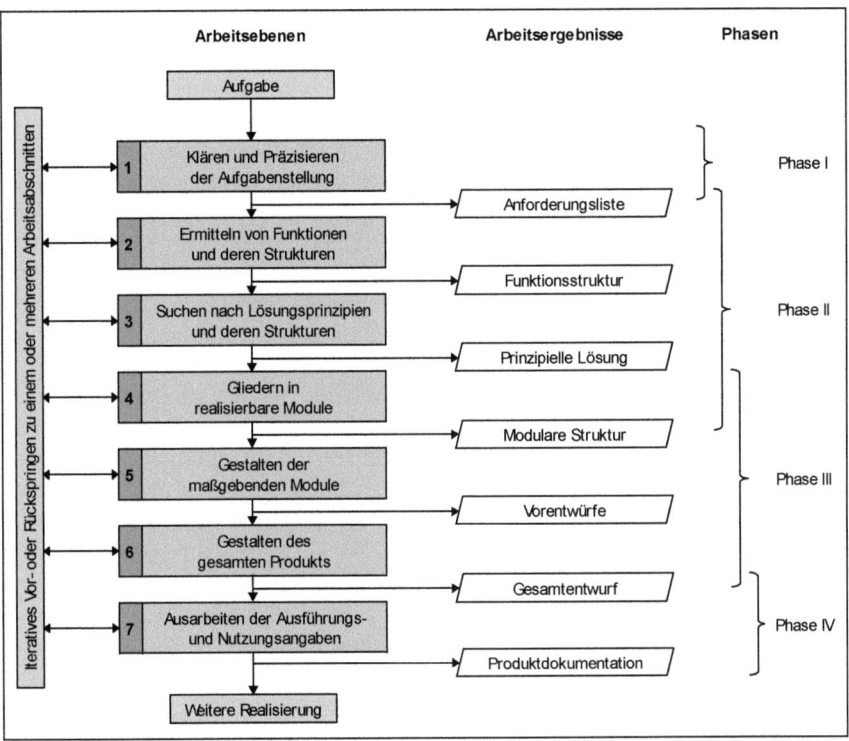

Abbildung 14: Arbeitsschritte nach VDI Richtlinie 2221[93]

Mock Up genannt.[94] Diese Vorgehensweise stellt sicher, dass die geplanten Komponenten in das geplante Fahrzeug passen. Außerdem kann es mit Hilfe der Geometriedaten in der angestrebten Fahrzeugklasse typisiert und ein klar definiertes Wettbewerbumfeld aufgespannt werden. Ein Vorteil des geometrisch getriebenen Auslegungsprozesses ist, dass sich mit dieser Methode auch neue Konzepte generieren lassen, welche sich als Mischformen von bereits bestehenden Klassen identifizieren lassen. Als Beispiel sei hier der Mercedes CLS genannt (Markteinführung 2004), welcher als erstes Fahrzeug dieser Klasse die charakteristischen Züge eines Coupés und das Raumangebot einer vollwertigen Limousine (vier Sitzplätze plus Gepäck) bietet. Dagegen zielt ein Porsche Boxster mit seiner Geometrie und seinem Maßkonzept genau in das Wettbewerbumfeld, welches dominierend von Mazda MX-5, Mercedes SLK, BMW Z4 und

---

[93] Eigene Darstellung in Anlehnung an: VDI-Richtlinie 2221 (1993-2005), S. 9
[94] Vgl. Seiffert, Rainer (2008), S. 12

Audi TT geprägt ist. Durch den reinen Fokus auf die Geometrie zu Beginn der Entwicklungsphasen sind in der Vergangenheit oftmals Abweichungen der Zielpositionierung im Laufe des Entwicklungsprozesses entstanden, die laut Seiffert[95] auf die hohen „Entwicklungsrisiken im Produktentstehungsprozess bis zur erprobungstauglichen Darstellung der ersten Prototypen" sowie die damit verbundene späte Absicherung der Eigenschaften der Konzeptfahrzeuge zurückzuführen sind. Eine Möglichkeit zur rechtzeitigen Einsteuerung von Maßnahmen kann die frühzeitige Berücksichtigung der funktionalen Anforderungen sein. Diese funktionale Absicherung soll parallel, aber abhängig zu diesem Prozess realisiert werden und ist fokussiert auf Komponenten- und Gesamtfahrzeugsimulationen. Als Beispiel kann die zunehmende Vernetzung und Elektrifizierung der Fahrzeuge genannt werden, bei der eine rein geometrische Betrachtung zum Zeitpunkt der Frühen Phase nicht mehr ausreichend ist. Es wird hingegen eine erste funktionale Absicherung der Fahrzeugkonzepte in dieser Phase gewünscht. Um den Reifegrad dieser Fahrzeugkonzepte dahingehend zu erhöhen, muss eine strukturierte Basis zur Bewertung der Eigenschaften und Funktionen geschaffen werden. Dafür sollen erste Anforderungen und Funktionen einzelner Bauteile definiert sowie die „Inbetriebnahme" des virtuellen Gesamtfahrzeugs ermöglicht werden. Diese Vorgehensweise wird umso wichtiger, je stringenter der Baukastenansatz verfolgt wird. Hierbei wird oftmals ausschließlich eine Produktdifferenzierung durch eine Funktions- oder Eigenschaftsdifferenzierung erreicht. Ganz gemäß dem Leitgedanken: maximale Gleichteileanzahl bei maximaler Differenzierung. Um die projektspezifischen Eigenschaften und Funktionen eines Fahrzeugs abzudecken, müssen daher im Vorfeld Anforderungen definiert werden, welche ein Charakteristikum an das Konzept oder eine Grenzbetriebsbedingung an ein Bauteil darstellen können. Daher sollen im Folgenden die Begriffe Eigenschaft und Funktion kurz erläutert werden.

Eigenschaft
Die Eigenschaft kann aufgrund von „Beobachtungen, Messergebnissen oder Aussagen von einem Objekt festgestellt werden"[96]; sie ist zusammengesetzt aus einem Kennzeichen (beispielsweise Material, Durchmesser) und einer Ausprägung (beispielsweise CFK, 38 mm). In dieser Arbeit wird die Definition auf die Fahrzeugentwicklung geprägt. Eine Eigenschaft beschreibt somit ein Merkmal eines Fahrzeugs oder eines Fahrzeugverhaltens. Zudem bezeichnet sie ein zu einer Funktion, Technikvariante oder Komponente gehörendes Merkmal in Bezug auf z. B. physikalische, chemische, haptische oder optische Charakteristiken.

---

[95] Vgl. Seiffert, Rainer (2008), S. 13
[96] Vgl. Lindemann (2009), S. 330

Funktion

„Eine Funktion ist eine am Zweck orientierte, lösungsneutrale, als Operation beschriebene Beziehung zwischen den Eingangs- und Ausgangsgrößen eines Systems"[97]. Als Funktion eines Objektes wird in der Arbeit die Aufgabe bezeichnet, die es zu erfüllen hat. Die Funktion beschreibt, wie eingehende Informationen verarbeitet werden.

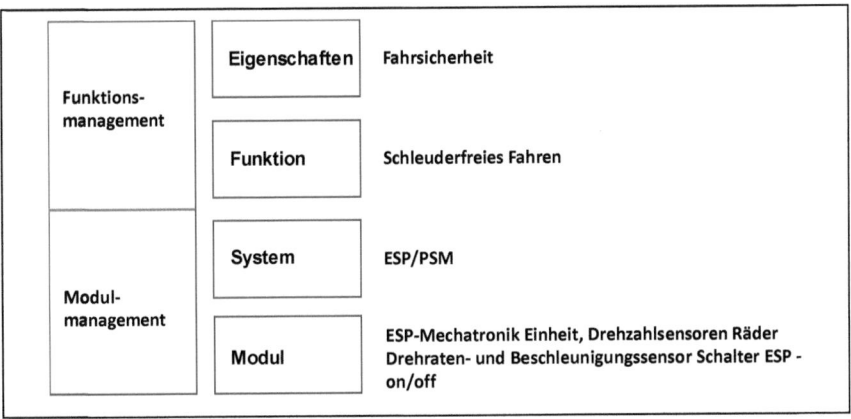

Abbildung 15: Die Durchgängigkeit von der Eigenschaft zum Modul anhand eines Fahrdynamikbeispiels[98]

Mit der Festlegung von bestimmten Produktmerkmalen, wie Geometrie, Material oder Haptik, zu einem Zeitpunkt zu dem die grundsätzlichen, daraus resultierenden Einflüsse, noch nicht bewertet werden können, können Schwierigkeiten im Produktentwicklungsprozess entstehen.[99] Daher ist es sinnvoll, eine möglichst abstrakte Beschreibungseben zu diesem Zeitpunkt zu finden, um dann sukzessive die Detaillierung der Inhalte zu definieren. In Abbildung 15 soll anhand eines Beispiels aus der Fahrdynamik das Herunterbrechen, beginnend von der abstrakten Beschreibung einer Eigenschaft bis hin zum Modul, exemplarisch illustriert werden. Es wird deutlich, dass eine Unabhängigkeit von Komponenten und Bauteilen in der Frühen Phase durch das Einbeziehen der beiden Abstraktionsebene „Eigenschaft" und „Funktion" eines Fahrzeugs in den Bewertungsprozess realisiert werden kann. Daher ist neben der „Hülle" des Fahrzeugs mit seinen packagerelevanten Komponenten (also seinen Modulen) der funktionale Aspekt als bewertungsrelevantes Merkmal besonders wichtig.

---

[97] Vgl. Lindemann (2009), S. 331
[98] Eigene Darstellung
[99] Vgl. Lindemann (2009), S. 8

3 Simulationsgrundlagen

Simulationen werden häufig eingesetzt, wenn dynamische Vorgänge eines Systems beschrieben werden sollen, ein Lösungsansatz nach analytischer Vorgehensweise nicht ohne weiteres gefunden werden kann oder ein Lösungsansatz zu stark simplifiziert ist. Ganz grob können zwei Arten der Simulation unterschieden werden: die physikalische (experimentelle) und die virtuelle (rechnerunterstütze) Simulation.

Die physikalische Modellierung wird der Vollständigkeit halber im Abschnitt 3.1 erwähnt, ist jedoch nicht im Fokus dieser Arbeit. Im Folgenden wird nun detaillierter auf die virtuelle Simulation eingegangen. Prämisse dieser Simulationsmethodik ist die Reduktion von Erprobungsaufwänden und -kosten zur Durchführung sowie eine erhöhte Flexibilität gegenüber kurzfristigen Änderungen. Die lokale Gebundenheit einer physikalischen Simulation ist ein erheblicher Nachteil, der bei der virtuellen nur bedingt oder überhaupt nicht vorhanden ist und somit einen weitreichenden Einsatz dieser Methode ermöglicht.

Der Begriff „Simulation" wird oftmals mit den Wörtern „Verifikation" und „Validierung" in Verbindung gebracht. Gemeint ist, dass die einzelnen Simulationsmodelle der durchzuführenden Simulation den Anforderungen, welche man an sie stellt, auch entsprechen. Daher soll im Folgenden eine Begriffsdefinition gegeben werden.

Validierung
Durch die Validierung soll die Anforderung an ein Produkt und eine Wiederholbarkeit des Ergebnisses sichergestellt werden. Die Validierung wird durchgeführt, indem das Modellverhalten mit dem Verhalten des realen Systems verglichen wird und die Differenzen evaluiert werden. Bekannte Zusammenhänge und Abhängigkeiten können so durch den anschließenden Vergleich der Simulationsergebnisse mit der Realität überprüft werden (deterministisches Modell). Darüber hinaus werden nicht nur der Abgleich der Ergebnisse, sondern auch die statistischen Charakteristika (wie zum Beispiel Mittelwerte, Streuungsmaße und Korrelationen) in Einklang gebracht.[100] Da es keine festen Regeln oder Vorgehensweisen für die Validierung gibt, besteht die Möglichkeit, einzelne Modellelemente analytisch zu untersuchen, indem beispielsweise das Modell einem Plausibilitätstest unterzogen wird. Bei beiden Möglichkeiten der Validierung ist die Erfahrung eines Simulationsexperten grundsätzlich sinnvoll und wertvoll.

---

[100] Vgl. Reuter, Hoffmann (2000), S. 708-709

Zusammenfassend beantwortet die Validierung die Frage: Erstellen wir das richtige Produkt?[101]

Verifikation

Die Verifikation soll gewährleisten, dass ein Simulationsmodell seiner Spezifikation entspricht und damit zum Beispiel die Wertigkeit eines Softwareproduktes für den operativen Einsatz aufzeigt.[102] Dies lässt sich beispielsweise bei Softwareprogrammen anhand der partiellen Korrektheit mit dem Hoare-Kalkül, welches 1969 veröffentlicht wurde,[103] nachweisen. Damit soll die Verifikation die Frage beantworten: Erstellen wir das Produkt richtig?[104] Werden aus dem Vergleich von Messungen aus Versuchen und dem identifizierten Modell Parameter außerhalb des plausiblen Bereichs erfasst, so ist das Modell falsifiziert.[105]

Zur Erhöhung der Modellqualität sollte ein Simulationsmodell im Normalfall validiert und verifiziert worden sein. Da dies aus Mangel an Informationen über das Simulationsmodell bei Bewertungen in der Frühen Phase oftmals nicht der Fall ist, müssen Erfahrungswerte und Diskussionen mit Experten diese Lücke schließen. Alternativ ist auch das Zurückgreifen auf Überleitungen aus Vorgängermodellen möglich. Diese Vorgehensweise macht allerdings deutlich, dass die dadurch resultierenden Bewertungsergebnisse zu diesem Zeitpunkt mit Unsicherheiten behaftet sind, welche im Laufe des Entwicklungsfortschritts beseitigt werden müssen.

3.1 Definition des Begriffs Simulation

Sind bestimmte Fragestellungen zu beantworten oder eine Methode zur Problemlösung zu finden, ist eine Simulation für bestimmte technische oder wissenschaftliche Bereiche optimal geeignet. Unter der Simulation wird ein Nachahmen eines Systemverhaltens verstanden, welches einen bestimmten Sachverhalt und „[...] Eigenschaften untersucht, die nicht mittels einer analytischen Berechnung erfasst werden können [...]"[106]. Das Wort Simulation leitet sich aus dem lateinischen Begriff „simulare" ab und bedeutet „vortäuschen", „darstellen" oder „nachbilden". Der Begriff der Simulation wird nach den Richtlinien 3633 vom VDI als Nachbildung eines Systems beschrieben, welches dynamische Prozesse in einer Modellumgebung abbildet, „[...] um zu Erkenntnissen zu gelangen, die

---

[101] In Anlehnung an „Am I building the right product?", vgl. Boehm (1984), S. 3
[102] Vgl. Boehm (1984), S. 3
[103] Vgl. Hoare (1969), S. 576-585
[104] In Anlehnung an „Am I building the product right?", vgl. Boehm (1984), S. 3
[105] Vgl. VDI- Berichte Nr. 1559, S. 762
[106] Vgl. Lindemann (2009), S. 165

auf die Wirklichkeit übertragbar sind."[107] Zusammenfassend lässt sich die virtuelle Simulation im Gegensatz zur physikalischen als das Experimentieren am Modell erklären mit den vorteilhaften Merkmalen, dass diese Art der Simulation nicht nur besser steuerbar und beeinflussbar, sondern auch die gewonnenen Ergebnisse und resultierenden Signale einfacher messbar sind.

3.2 Definition des Begriffs System

Ein interessantes Zitat von Brian R. Gaines[108] in dem Werk von Cellier beschreibt den Begriff System folgendermaßen:
Ein interessantes Zitat von Brian R. Gaines in dem Werk von Cellier beschreibt den Begriff System folgendermaßen:

"The largest possible system of all is the universe. Whenever we decide to cut out a piece of the universe such that we can clearly say what is inside that piece (belongs to that piece), and what is outside that piece (does not belong to that piece), we define a new „system". A system is characterized by the fact that we can say what belongs to it and what does not, and by the fact that we can specify how it interacts with its environment. System definitions can furthermore be hierarchical. We can take the piece from before, cut out a yet smaller part of it, and we have a new „system"."[109]

Der Begriff System wird im allgemeinen Sprachgebrauch auf unterschiedlichste Weise verwendet. Oft wird das Wort als Teil einer Komposition mit anderen Substantiven gebraucht. So kann man die Zusammensetzung der Wörter in mehreren Bereichen des Alltags finden:

- Banksystem (Wirtschaft)
- Wahlsystem (Politik)
- Inertialsystem (Physik)
- Koordinatensystem (Mathematik)
- Bremssystem (Fahrzeugtechnik)
- Periodensystem (Chemie)
- Computersystem (Informatik)
- Immunsystem (Biologie)

---

[107] Vgl. VDI-Richtlinie 3633 (1993-2012), S. 3
[108] Brian R. Gaines ist ein britischer Wissenschaftler und Professor an der University of Calgary in Alberta, Canada
[109] Vgl. Cellier (1991), S. 2

Im Duden finden sich mehrere Beschreibungen des Begriffs Systems als „wissenschaftliches Schema"[110], „Prinzip, nach dem etwas gegliedert, geordnet wird"[110] oder als die „Gesamtheit von Objekten, die sich in einem ganzheitlichen Zusammenhang befinden und durch die Wechselbeziehungen untereinander gegenüber ihrer Umgebung abzugrenzen sind."[110] Im weiteren Verlauf der Arbeit soll besonders letztgenannte Definition für den Begriff System verwendet werden (dargestellt in Abbildung 16), wenn:

- das System sich eindeutig von seiner Umgebung abgrenzen lässt,
- ein Informationsaustausch außerhalb der Systemgrenzen mit der Umgebung besteht,
- und die Ein- und Ausgänge der Systemgrenzen eindeutig definiert sind.

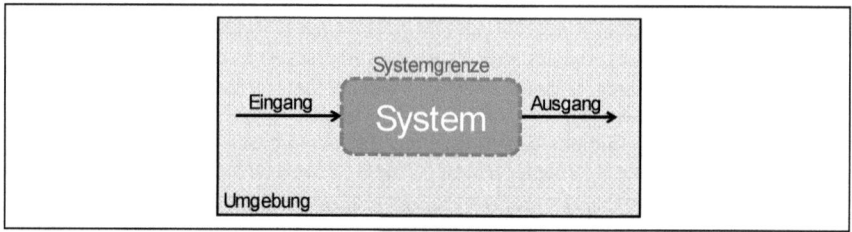

Abbildung 16: Schematische Darstellung eines Systems mit seinen Ein- und Ausgängen, sowie der Systemgrenze[111]

Darüber hinaus können Systeme in zwei weitere Klassen grob eingeteilt werden: dynamische Systeme (beispielsweise Antriebssysteme von Kraftfahrzeugen), welche Zustandsänderungen auch ohne Einfluss von außerhalb aufweisen, und statische Systeme (beispielsweise mathematische Gleichungssysteme), welche direkte Zusammenhänge der Variablen untereinander besitzen.[112] Da in dieser Arbeit der Fokus auf Fahrzeugkonzepte und damit auf den Antriebsstrang gelegt wird, sind im Folgenden Systeme als dynamische Systeme zu verstehen.

3.3 Kompliziertes oder komplexes System?

In der Umgangssprache werden die Wörter „kompliziert" und „komplex" oftmals als Synonym verwendet, ähnlich die Begriffe „kostenlos" und „umsonst". In der Wissenschaft wird hingegen zwischen den beiden Adjektiven unterschie-

---

[110] Quelle: http://www.duden.de/rechtschreibung/System, Zeitpunkt des Abrufs 01.08.2013
[111] Eigene Darstellung
[112] Vgl. Ljung, Glad (1994), S. 19

3.3 Kompliziertes oder komplexes System?

den. So lässt sich ein kompliziertes System zusammenfassend als eine unüberschaubare und verworrene Darstellung im Gesamtbild beschreiben. Wobei ohne weitere Hilfsmittel oder sinnvollen Aufteilungen die Nachvollziehbarkeit der inneren Struktur verborgen bleibt. Als ein solches kompliziertes System kann beispielsweise das Wahlsystem in Italien angesehen werden. Durch die unterschiedliche Wahl des zweigeteilten Parlaments kann für einen nicht Politik-Experten ein komplizierter Eindruck entstehen.[113]

Komplexe Systeme hingegen bestehen aus einer Vielzahl unterschiedlicher oder gleicher Elemente oder Modelle[114], welche in (funktionalen) Beziehungen zueinander stehen. Dabei bestimmen die mikroskopischen Zustände den makroskopischen Zustand des Systems. Die Zustandsänderungen komplexer Systeme in Abhängigkeit von der Zeit, also die Dynamik des Systems, werden beispielsweise durch Differentialgleichungen beschrieben. Dabei können gleichzeitige Wechselwirkungen vieler Elemente durch lineare oder nichtlineare Funktionen erfasst werden. Damit wird der Begriff komplexe Systeme aus der Sicht der Systemtheorie[115] zugrunde gelegt und definiert Komplexität als Eigenschaft eines Systems, welches durch Art und Anzahl von Elementen und deren Wechselwirkungen untereinander beschrieben wird.[116] Weitere Merkmale komplexer Systeme können heterogene Zusammenhänge, Unstetigkeiten in den funktionalen Beziehungen, eine hohe Eigendynamik des Systems und Intransparenz[117] sowie Schnittstellenvielfalt[118] sein. Auf den Zusammenhang zwischen Komplexität in Unternehmen und damit auf die Abhängigkeit von Komplexität und Effizienz soll hier nicht eingegangen, sondern auf die einschlägige Literatur verwiesen werden.[119] Es soll lediglich erwähnt werden, dass ein Unternehmen als komplexes System verstanden werden kann, wenn der aktuelle Entwicklungstrend, dargestellt in Abbildung 17, in fast allen Unternehmensbereichen eine steigende Komplexität aufweist, wobei sich die Ursachen auf Unternehmensebene auf die schleichende Variantengenerierung, die fehlenden Methoden, den Kostendruck und das fehlende Bewusstsein hierfür zurückführen lassen.[120] Der Vollständigkeit halber werden noch die trivialen oder einfachen Systeme erwähnt, welche so zu bezeichnen sind, wenn sie „simple" Wenn-Dann-Regeln besitzen und sich die Beziehung mathematisch beschreiben lässt. Sie weisen ein

---

[113] Quelle: http://www.spiegel.de/politik/ausland/italiens-kompliziertes-wahlsystem-sie-nennen-es-schweinerei-a-885532.html, Zeitpunkt des Abrufs 01.08.2013

[114] Vorgreifend wird hier auf den nächsten Abschnitt zur Begriffsdefinition „Modell" verwiesen

[115] Vgl. Pulm (2004), S. 19

[116] Vgl. Kersten et al. (2005), S. 12

[117] Vgl. Wildemann (2008), S. 2

[118] Vgl. Wildemann (2008), S. 24

[119] Literatur: Schuh (2005)

[120] Vgl. Wildemann (2008), S. 6

deterministisches Verhalten auf. In Abbildung 18 werden die drei Arten von Systemen abhängig von der Anzahl an Systemelementen und der Dynamik dargestellt.

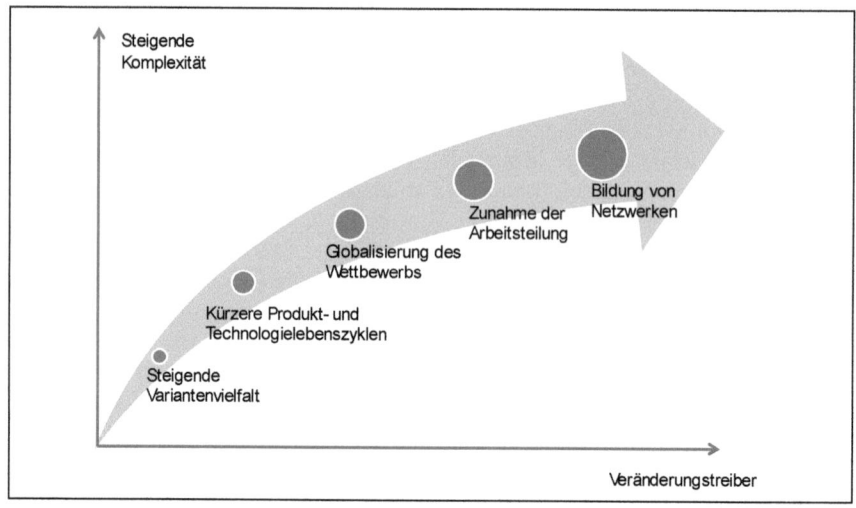

Abbildung 17: Entwicklungstrends in den Unternehmen[121]

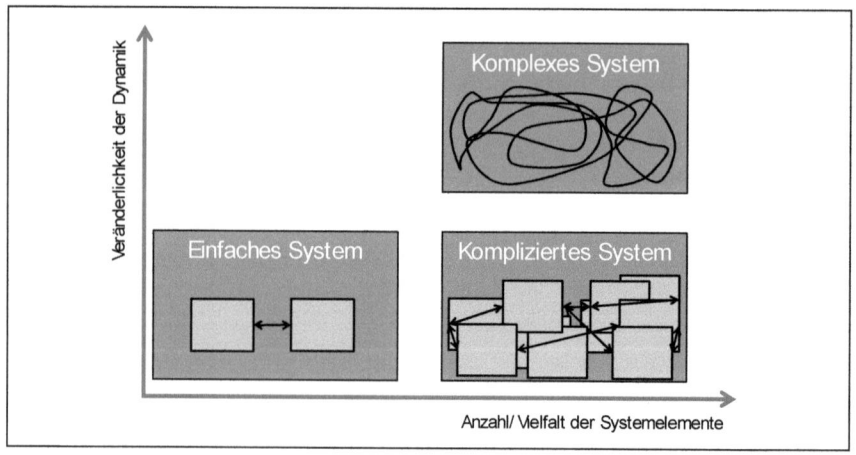

Abbildung 18: Schematische Darstellung eines einfachen, komplizierten und komplexen Systems[122]

---

[121] Eigene Darstellung in Anlehnung an: Wildemann (2008), S. 3

3.4 Definition des Begriffs Modell

Ein Modell[123] ist eine vereinfachte Repräsentation des zu untersuchenden realen Systems, welches es möglichst genau beschreiben soll und Fragestellungen beantworten kann, ohne ein Experiment durchzuführen (Ausnahme: physikalische Modellierung, siehe weiter unten). Unter einem Modell wird in dieser Arbeit die Definition verstanden, die von Udo Lindemann verfasst wurde. Er beschreibt das Modell als ein zweckorientiertes vereinfachtes Gebilde, das sich mit dem Original identifizieren lässt[124], um Informationen über das Original zu erhalten. Mit Hilfe eines Modells soll das Systemverhalten abgebildet werden, um es zu verstehen, zu erklären, vorherzusagen oder zu kontrollieren. In der Richtlinie VDI 3633 ist unter einem Modell „eine vereinfachte Nachbildung eines geplanten oder real existierenden Originalsystems mit seinen Prozessen in einem anderen begrifflichen oder gegenständlichen System"[125] zu verstehen. Außerdem „unterscheidet [es] sich hinsichtlich der untersuchungsrelevanten Eigenschaften innerhalb eines vom Untersuchungsziel abhängigen Toleranzrahmens vom Vorbild".[125] Um die Modellbildung effizient zu gestalten, sind nur die wesentlichen Aspekte zu berücksichtigen. Dabei soll die Modellierung „so abstrakt wie möglich und so detailliert wie nötig"[126] sein. Der Aufbau von Modellen ist meistens dann gerechtfertigt, wenn Aussagen über ein System getroffen werden müssen, bevor dieses real existiert. Dies kann der Fall sein, wenn erste Machbarkeitsuntersuchungen angestrebt werden, bevor der Prototyp aufgebaut werden kann. Nach Ljung und Glad[127] gibt es im Wesentlichen zwei unterschiedliche Prinzipien, um Modelle zu erstellen:

Physikalisches Modellieren
Bei dieser Art der Modellbildung erhält man die Abbildung des realen Systems auf Grund der gültigen Naturgesetze, siehe Abbildung 19. Ein Beispiel ist, dass das Verhalten des Systems, wenn ein Widerstand mit einem Kondensator zusammengeschaltet wird, nach dem Ohm'schen Gesetz vorhergesagt werden kann. In diesem Zusammenhang kann auf den Begriff White-Box Modell[128] vorgegriffen werden. Bei der physikalischen Modellierung versteht man eine vollständige mathematische Beschreibung (Zusammenhänge werden mit Hilfe

---

[122] Eigene Darstellung in Anlehnung an: Ulrich, Probst (1995), S. 61
[123] Modell kommt vom lateinischen Wort modulus und bedeutet Maßstab (in der Architektur) (Quelle: http://de.pons.eu/latein-deutsch/modulus, Zeitpunkt des Abrufs 05.08.2013)
[124] Vgl. Lindemann (2009), S. 333
[125] Vgl. VDI-Richtlinie 3633 (1993-2012), S. 5
[126] Vgl. Hrdliczka et al, S. 7
[127] Vgl. Ljung, Glad (1994), S. 16
[128] Siehe dazu S. 48

von Differentialgleichungen und/oder algebraischen Gleichungen beschrieben) des Systems, welches das Verhalten des realen Systems bestmöglich bzw. so gut wie nötig beschreibt.[129] Wie bereits in der Einleitung dieses Kapitels erwähnt, wird auf diese Art der Modellierung in der Arbeit keinen Fokus gelegt und wird daher lediglich vollständigkeitshalber erwähnt.

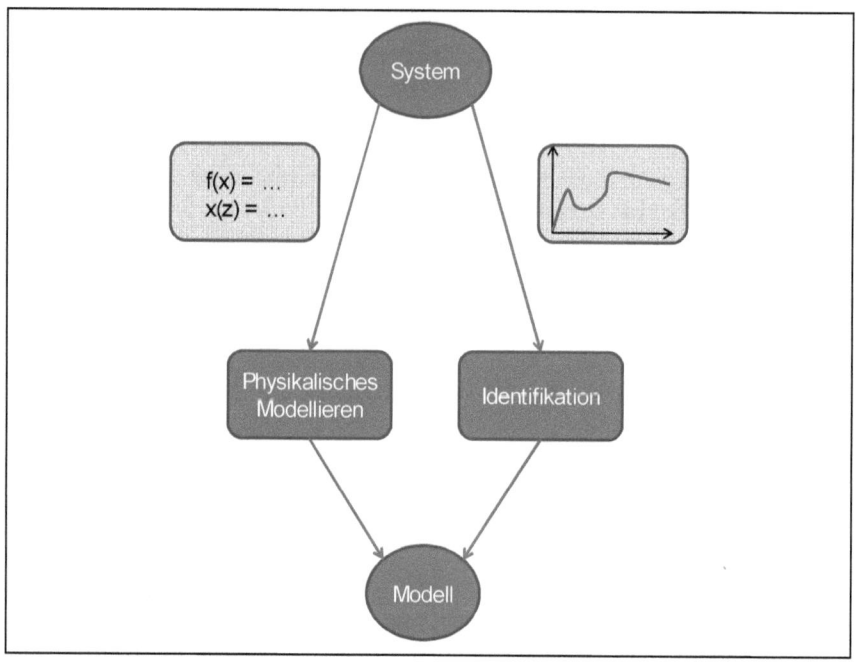

Abbildung 19: Modellbildung basierend auf Naturgesetze oder Beobachtungen[130]

Modellieren anhand Identifikationen
Hierbei werden Modelle erstellt, die das Verhalten eines Systems, welches durch Beobachtungen (Experimente) Informationen frei gibt, nachahmen. Diese experimentelle Identifikation beschreibt das System durch Messungen und wird Black-Box Modell[131] genannt. Anhand von sinnvoll erscheinenden Annahmen kann ein Verhalten erstellt werden, indem beispielsweise mittels Regressionsrechnungen der Eingang des Modells auf den gewünschten Ausgang abgebildet wird. Der Nachteil, dass das reale System für das Experiment zur Verfügung

---

[129] Vgl. Zirn (2002), S. 4
[130] Eigene Darstellung in Anlehnung an: Ljung, Glad (1994), S. 18
[131] Siehe dazu S. 47

stehen muss, führt dazu, dass man keine Vorhersagen über ein mögliches zukünftiges Systemverhalten treffen kann. Auch ist es oftmals nicht möglich, das Verhalten auf Naturgesetze zurückzuführen.

Für eine grobe Einteilung der Modellierungsmöglichkeiten lassen sich zwei Klassen nach Katagiri[132] unterscheiden:

Bottom-Up Ansatz
Das Modell wird in seiner Komplexität sukzessive erweitert, nachdem alle relevanten Anforderungen definiert sind. Man beginnt mit einfachen Zusammenhängen und integriert schrittweise die Abhängigkeiten und Einflussfaktoren bis man ein zufriedenstellendes Verhalten abbilden kann.

Top-Down Ansatz
Bei diesem Ansatz werden alle Zusammenhänge und Abhängigkeiten dargestellt und eine nachträgliche, schrittweise Reduzierung der Komplexität kann beispielsweise durch Linearisierung, Vernachlässigung kleiner Einflussfaktoren, Festlegung bestimmter Anwendungsgrenzen oder Näherungsverfahren erreicht werden.

Zusätzlich können drei Grundlagen zur Modellbildung sowohl für den Bottom-Up Ansatz als auch für den Top-Down Ansatz identifiziert werden:

- Die Kausalität: Ein- und Ausgänge sind kausal miteinander verbunden, d. h. dass auf ein Ereignis am Eingang, das von einer Ursache ausgeht, eine Wirkung am Ausgang folgt.

- Die Umgebung: nur die notwendigen Informationen und Wechselwirkungen, die für die Beschreibung des realen Systems relevant sind, müssen mit der Umgebung ausgetauscht werden.

- Die Systemgrenze: die Systemgrenze sollte so gezogen werden, dass das betrachtete System nur durch die Eingänge und sonst nicht von „außen" beeinflusst wird.

3.5 Klassifikation von Simulationsverfahren

Wie in diesem Kapitel bereits erwähnt, kann die Simulation in zwei grobe Klassen aufgeteilt werden. Die physikalische Nachbildung (Experimente) und die virtuelle Nachbildung. Im Nachfolgenden wird nur auf die virtuelle Simulation eingegangen und diese näher erläutert.

---

[132] Vgl. Katagiri (2003), S. 417

3.5.1 Virtuelle Simulationen

Das Ziel einer Simulation ist es, möglichst realitätsnahe Ergebnisse zu erzielen. Dabei soll die Abbildung der Simulation die Wirklichkeit widerspiegeln. Mit Hilfe der Simulation können auf eine risikolose Art und Weise Erfahrungen und Informationen über ein System gesammelt werden. Außerdem lassen sich schneller Varianten erzeugen und bewerten als durch den Tausch von realen Bauteilen oder Baugruppen, was zu einer Kostenreduktion in der Analyse führt und eine Alternative zu teuren Versuchen ist. Durch das immer intensiver werdende Virtual Prototyping[133] oder Frontloading[134] werden Simulationen nicht nur früher, sondern auch länger in der Entwicklungszeit eingesetzt und gewinnen gegenwärtig immer mehr an Bedeutung[135]. Dieser gegenwertige Trend wird in Abbildung 20 beispielhaft dargestellt. Damit erhofft man sich durch den sukzessiven Wegfall realer Prototypen, eine weitere Reduzierung der Kosten und eine Erhöhung der Flexibilität. Zudem können in Simulationen Sensitivitätsanalysen und Parametervariationen deutlich einfacher als in der Realität und mit überschaubaren Mehraufwendungen durchgeführt werden. Sie sind besonders bei komplexen Systemen, wie beispielsweise einem Gesamtahrzeug, wirtschaftlicher anwendbar als physikalische Simulationen, da sie im Verhältnis zu realen Versuchen unter anderem weniger Ressourcen binden. Außerdem tragen sie zur Unterstützung eines besseren Verständnisses bei diesen komplexen Systemen mit ihren komplexen Zusammenhängen bei. Simulationen können ununterbrochen, also 24 Stunden am Tag gefahrlos eingesetzt werden. Dabei kann nicht nur der innere Systemzustand untersucht, sondern auch eine beliebige Anzahl an Betriebsmodi getestet werden. Ein Zugriff auf alle definierten Ein- und Ausgangsgrößen ist möglich. Ein weiterer Aspekt ist die Wiederverwendbarkeit von Simulationsmodellen bzw. die Reproduzierbarkeit von Simulationen, welche verschleißfrei und ohne Probleme mit der Langzeitstabilität für weitere Untersuchungen verwendet werden können. Daraus lässt sich entnehmen, dass die Erwartungshaltung an die Simulation sehr groß ist. Sie soll zusammengefasst also maßgeblich dabei unterstützen

- die Entwicklungszeiten zu verkürzen,

- die Variantenvielfalt beherrschbar zu machen,

---

[133] Unter dem Begriff Virtual Prototyping wird „[...] die Gesamtheit der Techniken verstanden, die notwendig sind, um die Produktentwicklung weitgehend computerunterstützt durchführen zu können." (vgl. Schoder (2002))

[134] Unter dem Begriff Frontloading wird die Integration von Simulation und Analyse bereits in der frühen Konzeptphase zur Absicherung von möglichst vielen wichtigen Produktentscheidungen durch virtuelle Versuche verstanden. (vgl. Konstruktionspraxis (April 2004))

[135] Vgl. Hommel (2006), S. 21

3.5 Klassifikation von Simulationsverfahren

- Einsparpotenziale bei Hardwareversuchen zu heben,
- den Reifegrad beim Übergang zu Prototypen zu erhöhen,
- und das Erprobungsfeld zu erweitern.[136]

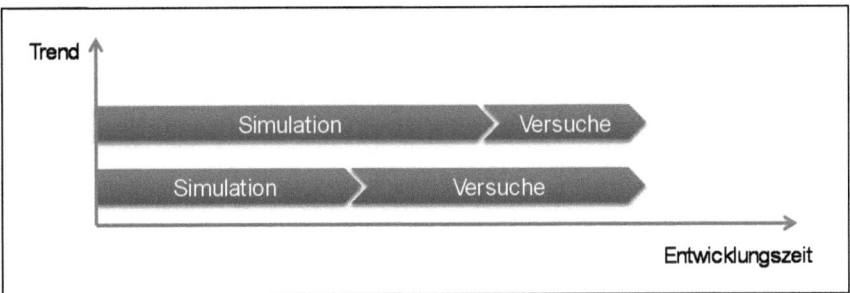

Abbildung 20: Die Entwicklungstendenz geht in Richtung Wegfall von Versuchsreihen[137]

Auf diese Weise dient der Einsatz von virtuellen Simulationen im Allgemeinen als Entscheidungsstütze bei der Problemlösungssuche, besonders durch die damit verbundene steigende Entscheidungsqualität entlang des gesamten Produktentwicklungsprozesses. Jedoch erfordern nicht alle Fragestellungen eine Simulation. Im Folgenden werden die Nachteile, die bei Simulationen zu berücksichtigen und gegen die Vorteile abzuwägen sind, zusammengefasst:

- Die Anwendung macht es erforderlich, Fachkenntnisse bei der Planung, Durchführung und Bewertung der Ergebnisse zu besitzen (Einschätzung des Umfangs, der Kompliziertheit und des erwarteten Nutzens).

- Der (Nutz-)Wert einer Simulation hängt ausschließlich von der Modell- und Datenqualität des Systems ab.

- Die Anwendung einer Simulationssoftware kann möglicherweise kostspielige Lizenzgebühren, Servicegebühren und Schulungskosten nach sich ziehen.

- Eine Validierung der Modelle ist teuer und kann oftmals nicht zum gewünschten Zeitpunkt stattfinden (ggfs. durch eine bestehende Abhängigkeit von realen Bauteilen).

---

[136] Vgl. Seiffert, Rainer (2008), S. 7
[137] In Anlehnung an: Lindemann (2009), bezugnehmend auf Wimmer (2002)

3.6 Geometrisch und funktionsorientierte Simulationen

Neben der physikalischen und virtuellen Simulation lassen sich Simulationen außerdem in eine analoge und eine digitale Klasse aufteilen. Da in dieser Arbeit kein Fokus auf den analogen Teilaspekt gelegt wird und dieser nur in sehr speziellen Bereichen der Technik Anwendung findet, wird dieser nicht weiter erläutert, sondern auf die entsprechende Literatur verwiesen.[138] Die digitale Simulation hingegen kann nach Langermann[139] in weitere zwei Bereiche untergliedert werden (siehe Abbildung 21): die geometrisch orientierte Simulation und die funktionsorientierte Simulation. Im Nachfolgenden werden die verschiedenen Simulationsmethoden und deren Unterschiede näher betrachtet.

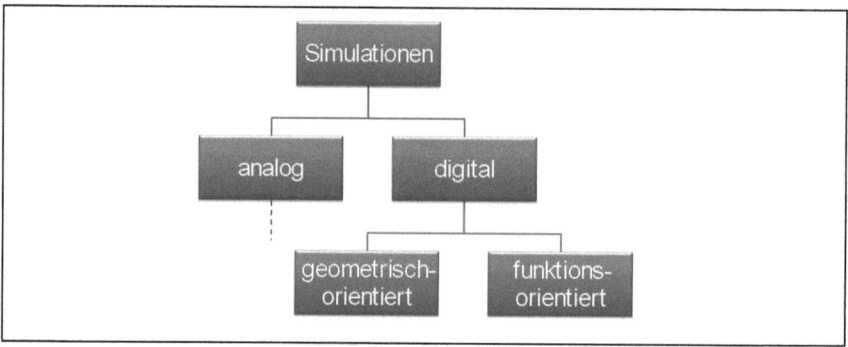

Abbildung 21: Aufteilung von Simulationen in Bereiche[140]

3.6.1 Geometrisch orientierte Simulation

Diese Vorgehensweise der Simulation wird beispielsweise zur Lösungsfindung bei Package-Problemen, wie die Anpassung eines Bauteils an den zur Verfügung stehenden Bauraum, bei der Simulation von Crash-, Strömungs-, Struktur- oder Statikberechnungen unter Verwendung digitaler Geometriemodelle angewendet. Diese Simulationsmethodik wird CAD, als Kurzform für Computer Aided Design, genannt. Darunter versteht man Methoden wie die FEM (Finite-Element Methode) oder das Simulationsprogramm CATIA[141] (Expertensystem mit breiter Anwendung in der Automobilindustrie). Für diese Art der Simulation wird im-

---

[138] Literatur: Parallax Inc. (2004) oder Tomayko (1985)
[139] Vgl. Langermann (2008), S. 3
[140] Eigene Darstellung
[141] CATIA steht für Computer-Aided Three-dimensional Interactive Application und ist von der Firma Dassault Systèmes

mer eine Systemgeometrie benötigt[142], damit eine Diskretisierung von Oberflächen oder Volumina in endliche Teilgebiete vorgenommen werden kann. Oftmals sind zusätzlich Kenntnisse über Materialen erforderlich, um einen effektiven Einsatz zu gewährleisten.

3.6.2 Funktionsorientierte Simulation

Mit Hilfe der systemorientierten bzw. funktionsorientierten Simulation werden Funktionalitäten des Systems untersucht. Diese Art Simulation lässt sich dabei in drei Klassen für Simulationsprogramme aufteilen: das mathematisch orientierte Simulationsprogramm, das signalflussorientierte Simulationsprogramm und das symbolorientierte Simulationsprogramm.

3.6.2.1 Mathematische Simulation

Bei der mathematischen Simulation lassen sich prinzipiell zwei Klassen voneinander unterscheiden. Zum einen die analytische Methode, die ein Verfahren für eine Problemstellung beschreibt, für das eine exakte Lösung existiert. Zum anderen die numerischen Methoden, welche als Annäherungsverfahren an die Lösung bezeichnet werden können (zum Beispiel das Verfahren nach Euler oder das Runge-Kutta-Verfahren). Diese Vorgehensweise wird oftmals bei komplexen Problemen angewendet, da sich der Aufwand zur Erarbeitung einer analytischen Lösung häufig nicht rechtfertigen lässt.[143] Auch eine geschlossene Beschreibung eines Systems ist in vielen Anwendungsfällen nicht möglich und damit analytisch darstellbar. Im Gegensatz zu diesen Verfahren sind numerische Methoden oftmals einfach zu implementieren und finden aufgrund der gestiegenen Rechenleistungen und Verfügbarkeit leistungsstarker Prozessoren einen breiten Einsatz in der Industrie. Die Modellierung findet nicht in einer grafischen Form statt, sondern durch eine mathematische Beschreibung des zu untersuchenden Systems. Dabei werden unter anderem Differentialgleichungen verwendet, welche Wechselwirkungen mit Verzögerungen, im Gegensatz zu linearen oder nichtlinearen Abhängigkeiten, beschreiben. Allerdings kann der Anwender bei der Auswertung der Ergebnisse mit grafischen Darstellungen und Exportmöglichkeiten zur weiteren Bearbeitung unterstützt werden. Um eine solche Art der Modellierung zu wählen, ist ein umfassender Kenntnisstand über das System Voraussetzung und ist als einfaches Werkzeug ohne Expertenwissen nur eingeschränkt nutzbar. Als Beispiel sei hier auf die Programmiersprache Matlab[144] verwiesen, welche in dieser Arbeit Anwendung findet. Als numerische Berechnungsmetho-

---

[142] Vgl. Langermann (2008), S. 5

[143] Vgl. Langermann (2008), S. 3

[144] Matlab ist eine Komposition aus den Wörtern Matrix und Laboratory und ist ein Markenzeichen der Firma The Mathworks Inc., USA

de kann Matlab sehr allgemein zur Datenanalyse, Algorithmen-Entwicklung und Modellerstellung verwendet werden.[145]

3.6.2.2 Signalflussorientierte Simulationsmethode

Es gibt diverse Simulationsmethoden, welche einen nicht-mathematischen Ansatz verfolgen. Dazu zählen die signalflussorientierte und die symbolorientierte Simulation. Die innere Struktur kann dabei als eine Black-Box, White-Box oder Grey-Box abgebildet werden. Im Nachfolgenden werden diese verschiedenen Simulationsmethoden und deren Struktur genauer erläutert.

Unter einem signalflussorientierten Simulationsprogramm versteht man die Darstellung der Modellierungsfläche als Blockschaltbild. Dazu werden Blöcke aus einer Blockbibliothek herausgenommen und durch Parametrierungen konfiguriert. Das Verhalten des Systems wird über eine grafische Darstellung aus diesen Blöcken, welche über Signalleitungen untereinander verbunden sind, abgebildet. Dabei basiert die Berechnung der Ausgangsgrößen aus den Blockübertragungsfunktionen und den Eingangsgrößen. Bei dieser Art der kausalen Modellierung findet eine sequenzielle Abarbeitung der Berechnungsschritte statt. Damit ist die Analyse von regelungstechnischen Anwendungen durch die grafische Modellierung des physikalischen Systems, also analog des Schaltbildes, möglich. Ein Nachteil dieser Vorgehensweise ist, dass bei besonders großen oder komplexen Modellen eine durchgängige Strukturierung notwendig ist, damit die Übersichtlichkeit gewahrt bleibt. Ein Beispiel hierfür ist Matlab/Simulink, welches kommerziell erhältlich ist und in den unterschiedlichen industriellen und wissenschaftlichen Bereichen einen breiten Einsatz findet. Diese Blockdiagrammumgebung stellt benutzerdefinierbare Blockbibliotheken sowie geeignete Solver[146] für die Modellierung dynamischer Systeme zur Verfügung.

3.6.2.3 Symbolorientierte Simulationsmethode

Modelle werden genauso aufgebaut, wie diese auch in dem abzubildenden physikalischen System aufgebaut werden würden. Dafür werden physikalische Netzwerkansätze verwendet, die auch als nicht kausale Modellierung bezeichnet werden: Komponenten bzw. Module werden durch Leitungen miteinander verbunden, die den physikalischen Verbindungen entsprechen. Dieser Ansatz ermöglicht es, die physikalische Struktur eines Systems zu beschreiben, im Gegensatz zu einer Beschreibung in der die mathematischen Grundlagen dargestellt werden. Die algebraischen Differenzialgleichungen, welche das Verhalten des Systems widerspiegeln sollen, sind in den Komponenten hinterlegt und werden

---

[145] Quelle: www.mathworks.de Zeitpunkt des Abrufs: 31.07.2013
[146] Unter dem Begriff Solver sind numerische Lösungsalgorithmen für das Simulationsverfahren zu verstehen.

automatisch herangezogen. Aus diesem Grund müssen algebraische Differentialgleichungen nicht manuell beschrieben und aufgestellt werden. Zwei kommerzielle Beispiele sind die Software Dymola zur Modellierung und Simulation mit Modelica sowie Simscape aus dem Hause The Mathworks, welches diese Art der grafischen Modellierung von physikalischen Systemen aufzeigt. Die für die Simulation notwendigen Komponenten werden aus einer Modellbibliothek entnommen und miteinander verschaltet, so dass der physikalische Zusammenhang zwischen den Komponenten gegeben ist. Eine Übersicht der vorgestellten Simulationswerkzeuge und beispielhaft jeweils ein Vertreter einer Programmiersprache ist in Abbildung 22 schematisch dargestellt.

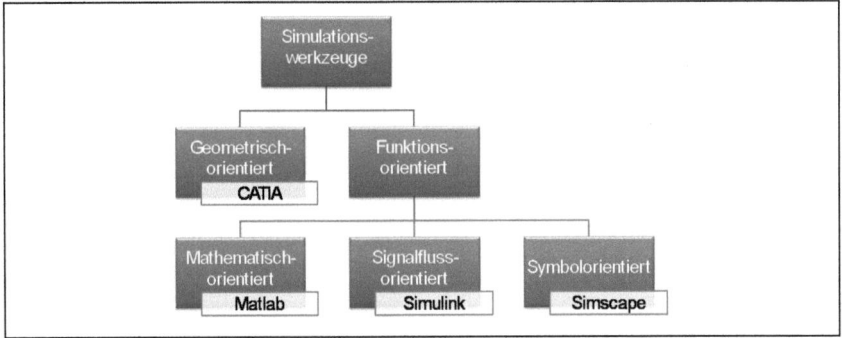

Abbildung 22: Die Simulationswerkzeuge und -programme beispielhaft dargestellt[147]

3.6.3 Black-Box

Wie bereits oben erwähnt, lassen sich Modelle nach ihrer Darstellung beschreiben. Daher soll im Folgenden eine kurze Übersicht über diese Arten gegeben werden.

Die Black-Box ist die abstrakteste Form der Darstellung des Zielmodells. In diesem Modell ist kein Wissen über die interne Struktur und den Aufbau des Modells vorhanden. Es werden ausschließlich die an den Systemgrenzen auftretenden Eingänge und Ausgänge des Energieflusses, des Stoffflusses und des Signalflusses betrachtet. Bei dieser Modellbildung wird induktiv[148] vorgegangen, da nur die zur Gesamtfunktionserfüllung benötigten Eingangs- und Ausgangsgrößen betrachtet werden, woraus sich zwischen diesen Schnittstellen das Verhalten ableiten lässt. Solche Modelle werden oftmals von Drittanbietern zum Erwerb angeboten. Der Nachteil ist, dass ein fehlerhaftes Modellverhalten nicht

---

[147] Eigene Darstellung
[148] Unter induktiver Modellierung ist in dieser Arbeit eine Modellierung aufgrund von Messdaten zur Identifikation und Validierung zu verstehen

auf die Modellierung hin überprüft werden kann. Ein weiterer Nachteil ist, dass diese Modelle nicht eigenmächtig geändert werden können, sondern es müssen dafür gegebenenfalls zusätzliche Kosten und Wartezeiten in Kauf genommen werden. Zusammenfassend lässt sich die Modellbildung einer Black-Box als eine Modellbildung auf Basis des beobachtbaren Verhaltens ausschließlich in Abhängigkeit von den Eingangssignalen beschreiben.

3.6.4 White-Box

Bei einer White-Box kann auf die interne Struktur eines Systems oder einer Komponente zugegriffen werden. Das Systemverhalten kann dadurch auf andere Randbedingungen hin angepasst werden. In dieser Arbeit werden ausschließlich White-Box-Modelle betrachtet, da diese die Flexibilität erhöhen und den Serviceaufwand minimieren. Die Modellbildung findet dabei auf Basis der Systemstruktur statt und bei der Modellbildung wird die deduktive[149] Vorgehensweise herangezogen.

3.6.5 Gray-Box

Gray-Box-Modelle liegen vor, wenn innerhalb ihrer Struktur Black-Box Modelle vorhanden sind. In Gray-Box-Modelle können sowohl physikalische Gleichungen als auch Informationen, welche aus Messungen gewonnen werden, verwendet werden. Damit kann die Struktur eines Modells mit Hilfe der Modellbildung erstellt und die notwendigen Parameter mit Identifikationsverfahren bestimmt werden. Eine weitere Unterscheidung bestimmt die Nähe der Modellbildung zu der Theorie oder dem Experiment. So wird von einem Light-Gray-Box-Modell gesprochen, wenn der Bezug näher zur Theorie besteht, als bei Dark-Gray-Box-Modellen, bei denen die experimentelle Modellbildung im Vordergrund steht.[150]

3.7 Die Anforderungen an ein Simulationskonzept

Ähnlich wie die Anforderungen, die in der ATZ im Mai 2009[151] veröffentlicht wurden, wird der Fokus dieser Arbeit auf die aktuellen Herausforderungen bei der simulationsgestützten Bewertung von Fahrzeugkonzepten in der frühen Entwicklungsphase gelegt:

---

[149] Unter deduktiver Modellierung ist in dieser Arbeit eine Modellierung aufgrund von Kenntnissen und Einsichten über das System zu verstehen
[150] Vgl. Isermann (2006), S. 28
[151] Vgl. Lindemann et al.(2009), S. 335

- Nutzung einer konfigurierbaren, einheitlichen Simulationsplattform
- Möglichkeit zur Gesamtfahrzeugsimulation
- Aufbau eines modularen Simulationskonzepts
- Vorhalt der Vernetzung über die Grenzen des Fachbereichs hinaus
- Problemangepasste Modellierungstiefen der Komponenten durch Verwendung unterschiedlich detaillierter Modelle

3.8 Der Simulationsprozess

Durch den konsequenten Einsatz der Simulation wird dem Nutzer die Möglichkeit geboten, den gesamten Entwicklungsprozess besser zu verstehen.[152] In Kapitel 4 wird detailliert auf die Prozessanalyse eingegangen. Im Folgenden werden Prozessabläufe einer Simulation exemplarisch vorgestellt, welche unter anderem bei der Umsetzung des in dieser Arbeit entwickelten Simulationsprozesses als Modell dienen. Durch die sukzessive Weiterentwicklung von Simulationsmethoden können Lücken in der Prozesskette geschlossen und neue Felder identifiziert werden.[153]

Im Nachfolgenden werden die Vor- und Nachteile unterschiedlicher Prozesse, welche in der Automobilindustrie Anwendung finden, näher erläutert.

3.8.1 x-in-the-Loop

Durch den in der Entwicklungszeit abnehmenden Simulationsbedarf lassen sich drei unterschiedliche Methoden für solche Anwendungen aufzeigen. Der schrittweise Übergang von der Simulation zur Realisierung der Funktionen in Hardware ist anhand Abbildung 23 exemplarisch dargestellt. Die Durchgängigkeit lässt sich wie folgt beschreiben: in der Frühen Phase werden die Funktionen der Systemspezifikationen in Simulationsmodellen abgebildet (MiL). Anschließend werden die in der MiL Umgebung getesteten Modelle durch die Software des Reglers ersetzt (SiL) und der künftige Seriencode auf Fehlverhalten untersucht. Mit Komponenten- und Systemtests werden die einzelnen Komponenten in Hardware mit ihrer Betriebsstrategie sowie die einzelnen Komponenten im Verbund als Gesamtfahrzeug getestet und die Interaktion zwischen ihnen analysiert (HiL).

---

[152] Vgl. Lindemann et al.(2009), S. 333
[153] Vgl. Seiffert, Rainer (2008), S. 13

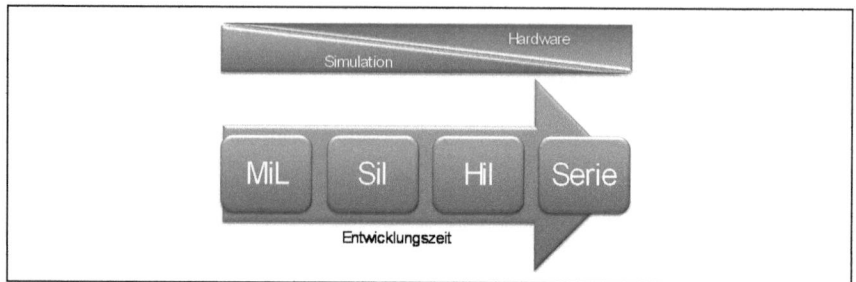

Abbildung 23: Schematische Darstellung des schrittweisen Übergangs von Software in Hardware[154]

3.8.2 Hardware-in-the-Loop

Durch die zunehmende Anzahl an vernetzten Steuergeräten in Fahrzeugen nimmt die Bedeutung der Simulation zur Steigerung von Synergiepotenzialen und zur Vermeidung von Fehlfunktionen stetig zu. Eine Überprüfung durch reale Prototypen ist durch die Vielzahl an Konfigurationsmöglichkeiten nicht mehr möglich. Außerdem sind häufig Einsatzszenarien gefordert, zu denen die Hardwarekomponente noch nicht verfügbar ist.

Das Konzept des Hardware-in-the-Loop (HiL) Ansatzes bezeichnet oftmals den Einsatz eines realen Steuergerätes oder eines realen Bauteils in einem virtuellen Fahrversuch, ohne dabei ein Risiko für den Fahrer oder Schäden an Prototypen einzugehen. Gleichzeitig kann die Anforderung einer hohen Robustheit und Qualität an die Systeme gestellt werden. Damit hat man die „Möglichkeit, in sorgfältig strukturierten, systematischen Entwicklungsabläufen die Sicherheit der elektronischen Systeme unter [...] kritischen Bedingungen verifizieren zu können".[155] Im Fokus sind bei diesem Ansatz vor allem Steuergeräte wie Fahrwerksregelsysteme, Antriebssteuergeräte und Komfortsteuergeräte sowie Bauteile von Motor, Getriebe, etc. des Fahrzeugs.

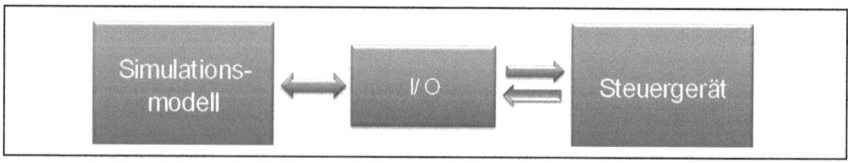

Abbildung 24: Schematischer Aufbau eines HiL Testsystems[156]

---

[154] Eigene Darstellung
[155] Vgl. VDI-Berichte 1559, S. 733
[156] Eigene Darstellung

Der Vorteil eines solchen Testsystems liegt in der Flexibilität, die durch das Simulationsumfeld gegeben ist, die Wiederholbarkeit der Testabläufe und -bedingungen sowie der Automatisierung von Tests, so dass der Prüfling 24 Stunden am Tag erprobt werden kann. Die HiL Systemerprobung ist aus heutigen Entwicklungsabteilungen nicht mehr wegzudenken. Durch das große Potential, Entwicklungszeit zu verkürzen und die Entwicklungskosten zu reduzieren, findet ein Einsatz sowohl in der Vorserien-, als auch in der Serienentwicklung und bei den freigebenden Bereichen statt. Der Nachteil ist, dass neben der realen Verfügbarkeit des Prüflings, teures Hardwareequipment zur Bereitstellung der Simulationsumgebung notwendig ist und die Verwendung eines solchen Systems damit ortsgebunden macht. Zusätzlich sind die Schnittstellen zwischen der virtuellen und realen Welt an viel Kapazität gebunden und die Modelle müssen so modelliert sein, dass sie dem Anspruch an Echtzeitfähigkeit gerecht werden.

3.8.3 Software-in-the-loop

Der Nachteil der oben erwähnten HiL-Systeme, dass die Hardware teilweise relativ spät zur Verfügung steht, kann durch den Software-in-the-loop (SiL) Ansatz kompensiert werden. Während der Implementierungsphase können Nutzer Regelungsstrategien anhand dieser SiL Systemen testen. Im Gegensatz zu HiL Systemen, bei denen eine elektrische Schnittstelle verwendet wird, sind die Schnittstellen zwischen den Testkomponenten auf Betriebssystem-Ebene, also reine Software-Schnittstellen. Damit ist eine hohe Flexibilität für die Ausführung von Tests und eine Vermeidung hoher Kosten durch Spezialhardware gegeben. Der Nachteil dieses Ansatzes ist, dass sich das zeitliche Verhalten von Simulationsmodellen zu den Realkomponenten unterscheiden kann. Dahingegen ist keine Echtzeitanforderung an die Simulation notwendig. Die Testabläufe lassen sich relativ einfach reproduzieren und gegebenenfalls unterbrechen.

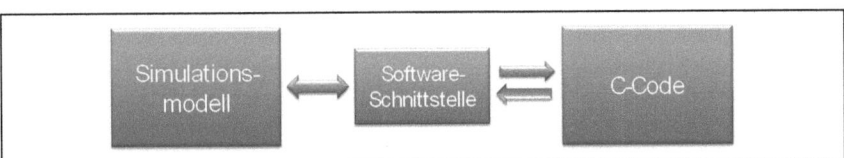

Abbildung 25: Schematischer Aufbau eines SiL Testsystems[157]

3.8.4 Model-in-the-loop

Das Funktionsmodell, welches getestet werden soll, ist ein Modell des Systems. Damit befindet es sich innerhalb der Regelschleife und umfangreiche Funktions-

---

[157] Eigene Darstellung

tests in einer frühen Entwicklungsphase sind möglich. Zusätzlich zu den Funktionstests können Modellabdeckungstests durchgeführt werden. In dieser Arbeit werden für die Bewertung von Fahrzeugkonzepten unterschiedliche Funktionsmodelle in das Simulationsmodell implementiert, so dass Anforderungen an die Komponenten im Kontext Gesamtsystem untersucht werden können. Ein Nachteil der MiL Methode ist das Vorhandensein von validierten Modellen, die erst eine belastbare Aussage über die Ergebnisqualität ermöglichen.

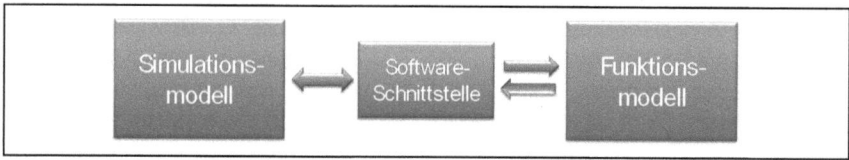

Abbildung 26: Schematischer Aufbau eines MiL Testsystems[158]

3.9 Der Simulationsablauf

Der Ablauf einer Simulation beginnt in den meisten Fällen mit einer Simulationsplanung für den Einsatz einer geeigneten Simulationsmethode. Ist eine Methode gefunden, kann mit dem Aufbau von Simulationsmodellen aus der Problemstellung angefangen werden. Zeitgleich müssen die Variablen und Parameter für die Modelle festgelegt werden. Wenn unterschiedliche Problemlösungen mit unterschiedlichen Anforderungen gefunden werden können, müssen diese definiert werden. Gegebenenfalls werden für spezifische Anforderungen die Modellierungstiefen einiger Simulationskomponenten angepasst. Im nächsten Schritt werden bekannte Testfälle mit bekannten Testdaten simuliert, um das Gesamtverhalten des Systems nachzuvollziehen. Iterationen sind in diesem Arbeitsschritt meistens unerlässlich. Das Programm wird damit auf die syntaktische und algorithmische Korrektheit überprüft. Anschließend kann mit der Durchführung der geplanten Rechenläufe begonnen werden. Eine nachfolgende Auswertung der Ergebnisse dient zur Überprüfung der Zielstellung und der Zielerreichung. Bevor eine Zusammenstellung und Interpretation der Simulationsergebnisse stattfinden, können gegebenenfalls notwendige Programmänderungen durchgeführt werden.

---

[158] Eigene Darstellung

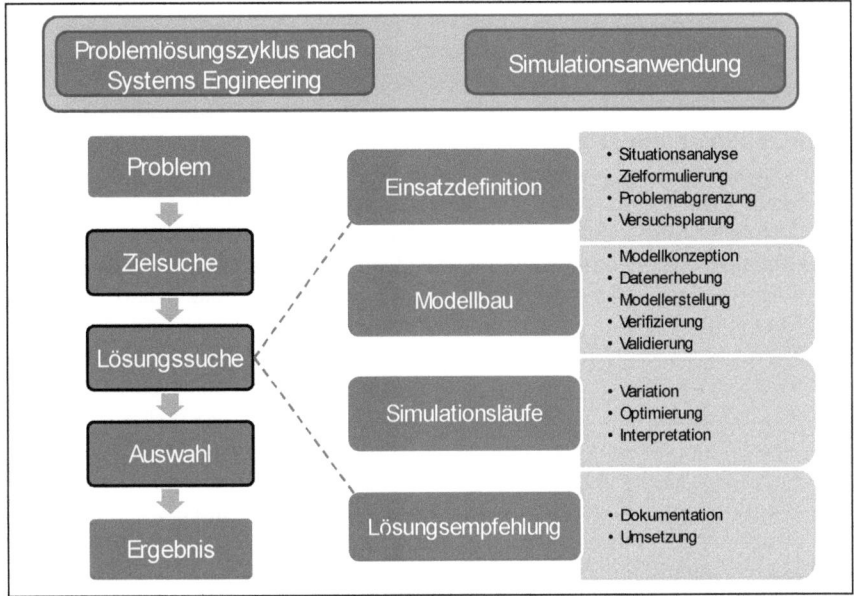

Abbildung 27: Simulationsablauf und Einsatz im Problemlösungszyklus[159]

3.10 Der Simulationsnutzen

Der Nutzen einer Simulation ist nicht direkt messbar, da es kein Maß für die Zweckmäßigkeit gibt. Eine genaue Quantifizierung des Nutzenaspekts für den Einsatz der Simulation ist zu Beginn des Projektes meist sehr schwer oder überhaupt nicht möglich.[160] Es lässt sich kaum nachvollziehen, in welchem Maße die Einsparungen auf die Anwendung der Simulation zurückgeführt werden können. Jedoch wird festgestellt, dass die Simulation schon bei der Erstellung von Konzepten einen Beitrag leistet, da dieser Vorgang zum besseren Systemverständnis beiträgt und die so neu gewonnenen Erkenntnisse in die weitere Ausplanung mit einfließen können.[161]

Außerdem können vermiedene Mehraufwendungen durch die Bereitstellung einer strukturierten Simulationsumgebung ausgewiesen werden. Diese Kosten können anhand von Erfahrungswerten abgeschätzt werden. Eine Simulation oder

---

[159] Eigene Darstellung in Anlehnung an www.acel.ch –Rubrik Aktuelles – Presse, Publikationen, Referate, Systems-Engineering und Simulation Leitfaden zum Vorgehen, Seite 3
[160] Vgl. Kühn (2006), S. 23
[161] Vgl. VDI-Richtlinie 3633, S. 21

deren Ergebnis leistet keinen direkten Beitrag zur Wertschöpfung, kann aber notwendige Informationen für eine Entscheidungsgrundlage liefern. Damit lassen sich Verbesserungen entlang der Prozesskette überprüfen oder sogar aufweisen. Seiffert und Rainer beschreiben in ihrem Werk[162] die Entwicklung und den daraus resultierenden Nutzen von Simulationen. Sie zeigen auf, dass die Weiterentwicklung und der konsequente Einsatz von Simulationsmethoden in den letzten Jahren dazu führte, dass Prozesslücken im Produktprozess identifiziert und geschlossen werden konnten. Aufgrund der sukzessiven Detaillierung von Modellen steigen die Methodenqualität und damit sogar der Reifegrad auf Eigenschaftsebenen des Gesamtfahrzeugs. Sie fordern nicht nur eine weitere Integration geeigneter Methoden in den Produktentstehungsprozess sondern auch deren interdisziplinäre Verknüpfung, um die weiteren, vorhandenen Potentiale zu heben.

Zusätzlich zu den genannten Vorteilen sind eine frühe Fehlererkennung durch Simulationen, eine Reduktion von Risiken, die Ausweisung von Chancen und Potentialen sowie die Schaffung von Transparenz innerhalb der Prozesskette möglich. Die somit frühzeitige Identifikation von Zielverfehlungen machen daraus resultierende Analysen und Gegenüberstellungen von Verbesserungsvorschlägen erst möglich.

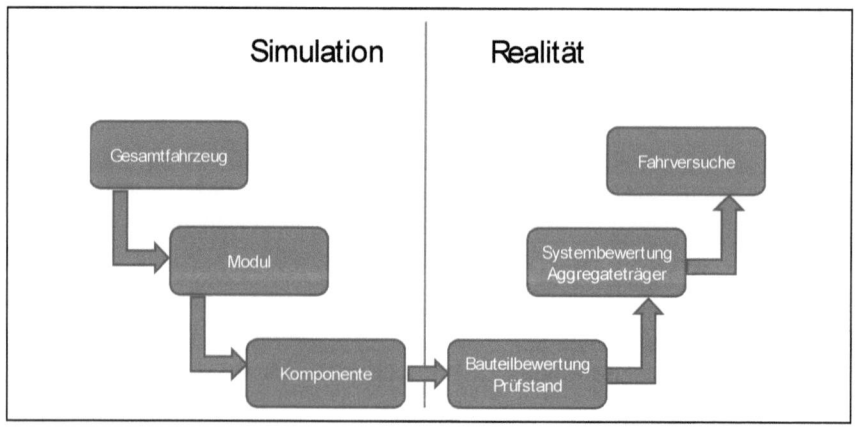

Abbildung 28: Geschlossene Prozesskette mit Unterstützung der Simulation[163]

---

[162] Vgl. Seiffert, Rainer (2008), S. 13
[163] In Anlehnung an: Seiffert, Rainer (2008), S. 14

3.11 Der Simulationsaufwand

Aufwände lassen sich grundsätzlich in zwei Kategorien einteilen, welche quantitativ gemessen werden können. Zum einen in den monetären Aufwand aus finanzieller Sicht und zum anderen in den zeitlichen Aufwand. Beide Aspekte spiegeln den wirtschaftlichen Gesichtspunkt einer Simulation wider. Das Kosten-/Nutzen-Potential muss dafür gegenübergestellt werden und eine Bewertung muss einen eindeutigen Vorteil aufweisen. Unter den Kosten sind zum einen Einmalaufwendungen zu nennen, welche zum Beispiel die Beschaffung der entsprechenden Software und die Bereitstellung der Hardware-Umgebung umfassen. Weitere Kostentreiber können der Aufbau von Testumgebungen sein, die Modellintegration, sowie Tests zur Verifikation an realen Bauteilen. Nicht zu vernachlässigen ist der benötigte Kapazitätsaufwand, welcher zum Ausführen der Simulation sowie für nachfolgende Aufbereitungen der Ergebnisse notwendig ist.

3.12 Grenzen der Simulation

Die virtuelle Entwicklung hat wie jede Methode ihre Grenzen. In einigen Fällen ist es sogar ressourcenschonender, wenn auf Simulationen gänzlich verzichtet wird, da die Aufwendungen nicht im Verhältnis zum gewünschten Ergebnis stehen. Als Beispiel ist der Verbau von einfachen mechanischen Komponenten oder das Kalt- bzw. Warmstartverhalten von Fahrzeugen zu nennen. Aktuelle Grenzen sind nach Seiffert und Rainer im Folgenden zusammengefasst[164]:

- Nicht alle Effekte lassen sich mit Modellen abbilden. Auch unbekannte physikalische Effekte, die sich nicht beschreiben lassen, erschweren die Entwicklung von Modellen.

- Numerische Instabilitäten können teilweise den Anwendungsbereich einengen.

- Unzureichende Validierungen von Modellen in der Simulation können die Qualität von Ergebnissen in Frage stellen. Eine Ursache können nichtphysikalische Reaktionen sein, so dass sich das Realverhalten nicht im Modell nachbilden lässt. Eine nicht-zufriedenstellende Datenqualität kann dazu führen, dass die Aussagekraft einer Simulation unzureichend ausfällt. Der sukzessive Abgleich mit realen Bauteilen ist ein kontinuierlicher Prozess im Produktentstehungsprozess und kann aber je nach Verfügbarkeit auch erst relativ spät erfolgen. Damit ist nicht immer ein Vorteil der virtuellen Erprobung gegenüber Hardwareversuchen gewährleistet.

---

[164] Vgl. Seiffert, Rainer (2008), S. 28-29

■ Eine nicht durchgängige Prozesskette kann die Fragestellungen nicht vollständig abdecken. Wenn beispielsweise Ausgangsdaten als Eingangsdaten einer aufbauenden Simulation benötigt werden und diese nicht vorliegen, ist die Prozesskette an dieser Stelle unterbrochen.

3.13 Durchgängigkeit

Durch die in den letzten Jahren gestiegene Gesamtzahl der Fahrzeuge und Fahrzeugvarianten sowie die zunehmenden Veränderungstreiber der Automobilindustrie, der technischen Innovationen und dem verstärkten Differenzierungsbedürfnis, müssen die zeitlichen Randbedingungen der bisherigen Entwicklungsabläufe vor allem in der sehr frühen Phase der Produktentwicklung neu definiert werden.[165] Dazu muss eine strukturierte Basis für Konzeptbewertungen zu diesem Zeitpunkt geschaffen werden, um künftige Fahrzeugkonzepte und deren Variantenvielfalt durch effiziente Abläufe in der Konzeptbewertung untersuchen zu können. Die Durchgängigkeit spielt dabei eine bedeutende Rolle, um diese Prozessabläufe effizient zu gestalten und mit der steigenden Komplexität umzugehen. Dabei stellt ein durchgängiger Einsatz von Simulationen neue Anforderungen an die Architektur des Simulationssystems. So muss beispielsweise ein automatisierter Modellaustausch ermöglicht werden und die Bereitstellung standardisierter Schnittstellen vorhanden sein, um trotz größtmöglicher Flexibilität in einer Umgebung zu bleiben. In dieser Arbeit ist es nicht das Ziel, eine Durchgängigkeit anhand des V-Modells[166] zu realisieren (also MiL-, SiL-, HiL-Kopplung[167]), sondern die Durchgängigkeit in einer unstrukturierten Phase der frühen Fahrzeugentwicklung umzusetzen. Dabei liegen die Anforderungen und der Fokus auf einer gänzlich unterschiedlichen Ebene und werden im Nachfolgenden dargestellt.

3.14 Management der Durchgängigkeit

Damit eine Durchgängigkeit erreicht werden kann, um beispielsweise die Modellpflege von Simulationsmodellen durch den Entwicklungsprozess fortzuführen, ist unter anderem eine Forderung an die Entwicklung eines durchgängigen Prozesses, die Benutzerfreundlichkeit des Simulationsprozesses sicherzustel-

---

[165] Vgl. Gössig (2001), S. 1 f.

[166] Das V-Modell soll in dieser Arbeit nicht weiter betrachtet werden. Es wird auf die einschlägige Literatur wie beispielsweise VDI-Richtlinie 2206 (2004-2006) oder Schuh (2012) verwiesen.

[167] Siehe Seite 30

3.14 Management der Durchgängigkeit 59

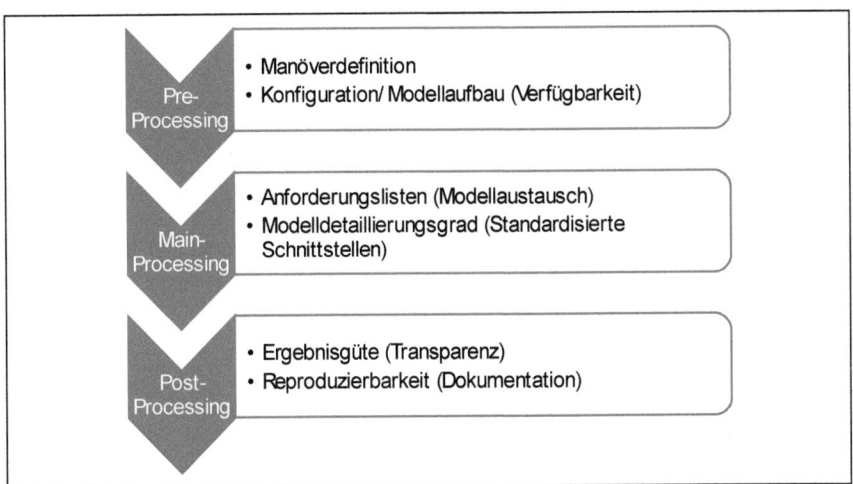

Abbildung 29: Durchgängigkeit im Simulationsprozess[168]

len.[169] Neben den oben im Text erwähnten standardisierten Schnittstellen und der automatisierten Modellmanipulation müssen weitere Gesichtspunkte berücksichtigt werden, welche im Folgenden erläutert werden und in Abbildung 29 im Gesamtprozess dargestellt sind.

Im Pre-Processing werden die vorbereiteten Konfigurationen automatisiert zu einem digitalen Konzeptfahrzeug aufgebaut. Dies ist nur dann möglich, wenn die Struktur des Simulationsmodells der Konfigurationsstruktur durchgängig entspricht, da sonst unterschiedliche Systemgrenzen vorhanden sind und eine eindeutige Abbildung der Beschreibung mit den Simulationsmodellen nicht möglich wäre. Hinzu kommt die Auswahl der Anforderungen (Manöverdefinition), welche abhängig von den zur Verfügung stehenden Modellen simuliert werden können.

Der Informationsfluss führt im Main-Processing zur eigentlichen Berechnung. Dabei können durch einen durchgängigen Ansatz automatisiert die Anforderungen abgearbeitet und der Modellaufbau bedarfsgerecht durchgeführt werden. Dies gelingt über die standardisierten Schnittstellen, die eine übergreifende Verwendung von Modellen ermöglicht. Somit sind für die durchgängige Simulationsunterstützung in dieser Modellkomposition verschiedene Modelle mit unterschiedlichen Detaillierungsebenen erforderlich, um die Modellkomplexität den Entwicklungsphasen anzupassen.

---

[168] Eigene Darstellung
[169] Vgl. Lindemann et al.(2009), S. 334

Die Auswertungen von speziellen Kriteriumsfunktionen können in der Ergebnisdarstellung visualisiert und vergleichbar gemacht werden. Eine Bewertung der Güte, also der Ergebnisqualität, kann dabei nur erfolgen, wenn eine Transparenz bis hin zur Quelle der verwendeten Daten, Parametersätze und Modelle vorliegt. Für eine nachhaltige Entscheidungsgrundlage ist eine ausführliche und stetige Dokumentation von großer Bedeutung. Dies soll auf einem automatisierten Weg begleitend zur Simulation geschehen. Die durchgängige Dokumentation trägt darüber hinaus entscheidend zur Reproduzierbarkeit und damit zur Nachvollziehbarkeit von Ergebnissen bei.

Diese drei Stationen der Durchgängigkeit eignen sich ideal, um die geforderte Benutzerfreundlichkeit zu gewährleisten.

Idealerweise ist es möglich, den Prozess anhand der gegebenen Schnittstellen in die Organisation auszurichten. Dazu muss ein entsprechender Organisationsaufbau vorhanden sein, an dem eine Orientierung vorgenommen werden kann. Außerdem muss an das neue Konzept eine Bereitschaft der Wissensteilung im Unternehmen gestellt werden, damit die Personen den Prozess leben und verstehen können.

In Abbildung 30 sind die drei Eckpfeiler einer durchgängigen Simulationskette dargestellt. Dabei wird die Informationsnotwendigkeit durch die (verfügbaren) Modelle, das Konzept der Simulation durch die Architektur und die Zusammensetzung der einzelnen Simulationskomponenten durch die Anforderungen repräsentiert.

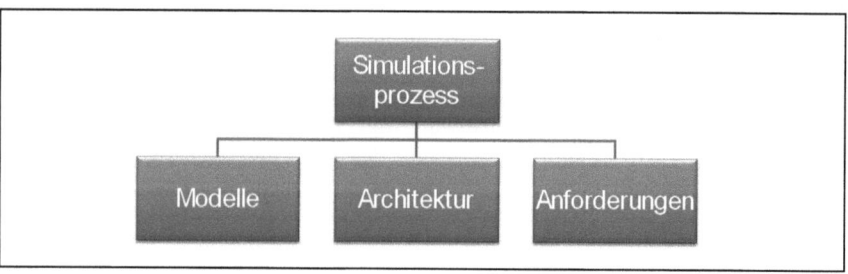

Abbildung 30: Die drei Eckpfeiler eines durchgängigen Simulationsprozesses: Modelle, Architektur und Anforderungen[170]

Mit diesen Anforderungen an den Umgang der Durchgängigkeit lassen sich in dieser Produktentwicklungsphase ein besseres Gesamtverständnis des Systems und eine Steigerung des Reifegrades zu früheren Zeitpunkten erreichen.

---

[170] Eigene Darstellung

4 Prozessmodelle und Simulationswerkzeuge

4.1 Prozessmanagement

Sowohl in der Forschung als auch in der Praxis und deren Anwendung sind Prozessmodelle ein wichtiger Bestandteil der Frühen Phase der Produktentwicklung. Dabei sind Prozessmodelle in den unterschiedlichsten Domänen integriert. In Anwendung befinden sich beispielsweise Prozessmodelle als Managementtools, wodurch im Unternehmen ablaufende Prozesse vereinheitlicht werden. Prozessmodelle haben unterschiedliche Facetten und sind geprägt von deren Einsatzmöglichkeiten und Zielsetzungen des Unternehmens.

Ein Simulationsprozess kann als komplexes Entwicklungsprojekt angesehen werden, das eine effektive und effiziente Vorgehensweise fordert, um die oben genannten Herausforderungen im Umgang mit fachbereichsübergreifenden Akteuren und einer eventuell vorhandenen ungenügenden Produktspezifikation zu beherrschen. Andernfalls sind zusätzliche Kosten und starke zeitliche Verzögerungen die Konsequenz.[171]

Zwei Lösungsansätze, welche durch Tools, Maßnahmen, Methoden und Prozesse diesen Kernherausforderungen entgegentreten, werden nachfolgend kurz dargestellt. Dabei handelt es sich um Lösungsansätze aus dem Prozessmanagement:

- die Wertstromanalyse und
- die Kanban-Methode

Klassische Instrumente werden beispielsweise zur Optimierung der Aufbau- und Ablauforganisation eingesetzt. Die in dieser Arbeit vorgestellte Methode hat aus wissenschaftlicher Sicht unterschiedliche Wurzeln im Prozessmanagement. Dabei soll kurz auf die Wertstromanalyse und die Kanban-Methode eingegangen werden.

Die Wertstromanalyse ist eine Methode aus der Betriebswirtschaftslehre, um die Prozessführung in der Produktion und bei Dienstleistungen zu verbessern. Vom japanischen Automobilhersteller Toyota entwickelt, ist diese Methode ein zentrales Element des Produktionssystems zur Elimination nicht wertschöpfender Prozesse.[172] Durch einen umfassenden Prozessüberblick wird die Durchgängigkeit von Prozessen analysiert, ausgehend vom Endprodukt über die Pro-

---

[171] Vgl. Schnalzer et al. (2013)
[172] Vgl. Zollondz (2011)

duktion bis hin zum Lieferanten. Voraussetzung für eine solche Analyse ist zunächst einmal eine umfassende Darstellung der Bestandsaufnahme des Ist-Zustandes in der Produktion. Eine breite Anwendung findet die Methode in der logistikorientierten Wertstromanalyse. Dabei werden Analogien zu einer Bereitstellung eines Bewertungswerkzeugs für eine übergreifende Anwendung deutlich: die Durchgängigkeit spielt auch bei Simulationswerkzeugen eine maßgebliche Rolle, da ein Abbruch des Informationsflusses, zum Beispiel bei der Aufbereitung der Dokumentation, zu Qualitätseinbußen im gesamten Ergebnis führt. Diese Durchgängigkeit muss so gestaltet werden, dass eine flexible Reaktion auf neue Inhalte in der Bewertungskette möglich ist.

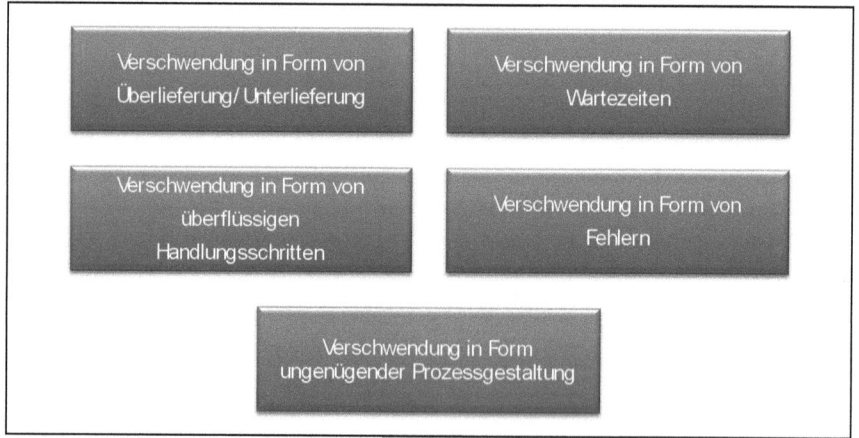

Abbildung 31: Logistikorientierte Wertstromanalyse und ihre Handlungsfelder[173]

Die Kanban-Methode soll in dieser Arbeit als Beispiel für einen verbrauchssteuernden Ansatz genannt werden. Darunter ist zu verstehen, dass eine vereinfachte Produktionssteuerung über den Kundenauftrag gelenkt wird. Analog lässt sich dies auf die Simulationsbewertungen in der Frühen Phase übertragen: nur die Modelle, die für eine spezifische Berechnung eines Manövers notwendig sind, sollen zur Simulation herangezogen werden, um eine hohe Flexibilität und optimale Laufzeit zu gewährleisten. Diese Vorgehensweise beinhaltet einen hohen Grad an Automatisierung, da nicht nach jedem Manöver ein manueller Umbau des Modells erfolgen kann. Die hier dargestellte kurze Übersicht der Wertstromanalyse und der Kanban-Methode sollen die Wichtigkeit der Durchgängigkeit, der Strukturierung und der Automatisierung in Prozessmodellen unterstreichen und eine Erweiterung auf Simulationsmodelle verdeutlichen.

---

[173] In Anlehnung an: Klenk, Knössel (2010)

4.2 Stand der Technik und Defizite der aktuellen Simulationswerkzeuge

Durch die Verwendung unterschiedlicher Simulationswerkzeuge in unterschiedlichen Teildisziplinen und Phasen der Produktentwicklung entstehen Insellösungen[174], welche die Zielkonflikte nur singulär auflösen. Zum Beispiel kann der Verbrauch eines Fahrzeugs durch Simulation des Antriebstranges berechnet werden, jedoch müssen weitere verbrauchsrelevante Einflüsse (beispielsweise durch die Belastung des Bordnetzes oder der Klimaanlage) berücksichtigt werden. Der Mangel an übergreifenden Schnittstellen und die häufig unzureichende Zusammenarbeit während der Entwicklung über das Fachgebiet hinaus verursachen oftmals einen Großteil der Probleme[175].

„Innovationszyklen und Projektabwicklung beschleunigen kann nur, wer seine Prozesskette überblickt und Veränderung am Produkt abteilungsübergreifend in allen Konsequenzen im Griff hat."[176]

Das bedeutet, dass nicht nur eine Disziplin die notwendige Qualität und Funktionalität zur Verfügung stellen muss, um erfolgreich und effizient zu entwickeln, sondern, dass entlang der Prozesskette die Durchgängigkeit und Transparenz für alle Nutzer gegeben sein muss[177].

Die durchgängige modulare Sichtweise eines Bewertungsprozesses wird oftmals für den Test von Steuergeräteverbünden verwendet. Als Beispiel ist eine Testumgebung für HiL-Systeme genannt, welche zum Beispiel von der Micro-Nova AG[178] angeboten wird. Dazu werden die Vorteile des Baukastenansatzes durch die Wiederverwendbarkeit und Flexibilität der Testkomponenten ausgenutzt. Basierend auf einem konsequenten Modularisierungsprinzip, greift das Prinzip so den Gedanken des Baukastens auf und setzt ihn in der Hardware-in-the-Loop um. Der Ansatz beruht auf der Bereitstellung eines HiL-Systems für das Testen von vernetzten Systemen, das sich an dem Aufbau des Entwicklungsbaukastens der Automobilindustrie orientiert. Um alle Funktionen abzuprüfen, ist es notwendig, unterschiedliche Komponentengruppen zu einem Gesamtsystem zu verschalten. Durch einen dezentralen und standardisierten Ansatz lassen

---

[174] Unter dem Begriff Insellösung ist in dieser Arbeit ein „technisches System, das nur innerhalb seiner eigenen Grenzen wirksam und mit anderen Systemen der Umgebung nicht kompatibel ist" zu verstehen (Quelle: http://www.duden.de/rechtschreibung/Inselloesung Zeitpunkt des Abrufs 09.08.2013)
[175] Vgl. Verl (2009), S. 32
[176] Vgl. Pesch (2005)
[177] Vgl. Pesch (2005)
[178] Software- und Systemhaus mit Firmensitz in Vierkirchen, www.micronova.de Zeitpunkt des Abrufs 05.08.2013

sich die Baukastenmodule untereinander zusammenführen. Damit können je nach Anforderungen einzelne Komponenten schnell und flexibel ausgetauscht werden. Genau dieser Ablauf ist für die baukastenorientierte Simulation von zentraler Bedeutung. Dadurch lässt sich ein hoher Grad an Automatisierung und eine Reduzierung der Fehleranfälligkeit erreichen.

Ein weiterer Bewertungsprozess, der mit Hilfe eines Baukastenansatzes realisiert wurde, ist aus einer Kooperation der Audi AG mit der Firma Tesis Dynaware GmbH[179] entstanden. Hierbei teilt sich das Gesamtsimulationsmodell in validierte Komponenten auf (siehe Abbildung 32), welche sich an den realen Bauteilen des Fahrzeugs orientieren[180]. Dabei können zwar die Modelle beliebig detailliert modelliert werden, jedoch muss in diesem Ansatz eine gemeinsame Detaillierungslinie für alle abzubildenden Varianten gefunden werden, so dass alle relevanten Fahrzeuge darstellbar sind. Auch ein automatisierter Testablauf ist durch dieses Verfahren nicht möglich, da die einzelnen Fahrzeugkonfigurationen je nach Anforderung manuell erstellt werden müssen.

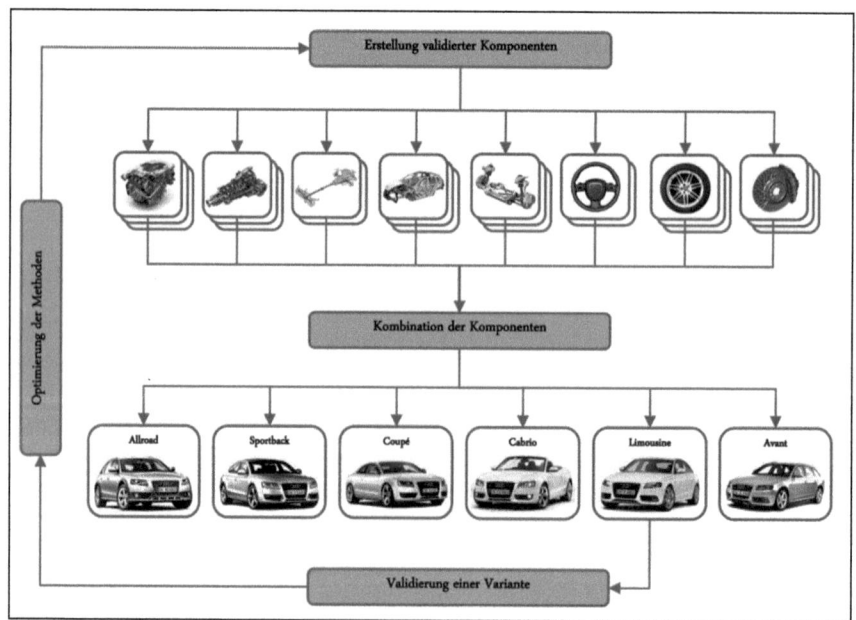

Abbildung 32: Aufbau eines Gesamtfahrzeugmodells aus validierten Komponenten[181]

---

[179] http://www.tesis-dynaware.com/ Zeitpunkt des Abrufs 05.08.2013
[180] Vgl. Bewersdorff, Pfau (2011)
[181] Vgl. Bewersdorff, Pfau (2011)

4.2 Stand der Technik und Defizite der aktuellen Simulationswerkzeuge

Noch ein Beispiel für die durchgängige Simulationsunterstützung in der Produktentwicklung ist aus einer Kooperation der BMW AG mit der Firma ITK GmbH entstanden.[182] Dabei handelt es sich um ein auf Matlab/Simulink basiertes Zweispurmodell zur Entwicklung und Absicherung von Regelsystemen für die Fahrdynamik und trägt den Namen ISAR (Integrierte Simulationsumgebung für Fahrdynamik mit Regelsystemen). Diese Simulationsumgebung hat ihre Stärken in der Software-in-the-Loop Simulation bei der Untersuchung von Softwareregelsystemen. Um einen Beitrag in diesem Prozess zu leisten, ist es notwendig, dass das Simulationstool modular aufgebaut ist, um ein hohes Maß an Flexibilität sicherzustellen. Damit wird deutlich, dass Konzepte, welche übergreifende Funktionen in einem Simulationsprozess aufweisen, bereits bestehen. Jedoch ist die ISAR-Simulationsumgebung eine reine Simulationsunterstützung im Bereich der Regelsysteme für die Fahrdynamik und auch darauf beschränkt. Es ist daher schwierig, andere Domänen der Simulationen mit Hilfe von ISAR abzudecken oder darauf zu erweitern.[183]

Ein letztes Beispiel für einen erweiterten Simulationsprozess stellt das von der technischen Universität Berlin entwickelte Werkzeug VeLoDyn (Vehicle Longitudinal Dynamics Simulation) dar. Es handelt sich dabei um ein Tool zur Vorwärts-Längsdynamiksimulation von Antriebssträngen: die Momente zum Vortrieb werden vom Motor ausgehend generiert und über die Teilsystemgrenzen an die nachfolgenden Komponenten weitergereicht. Über die Drehzahl, die vom Rad zum Motor übergeben wird, findet die Rückkopplung statt. Damit ergibt sich eine modulare Struktur des Antriebsstranges. Dieser Ansatz wird ebenfalls in dem Simulationsprozess in dieser Arbeit verfolgt, allerdings mit klar vorgegebenen Schnittstellen der Teilsysteme und damit einem eindeutig definierten Strukturierungskonzept. VeLoDyn ist wie ISAR unter Matlab/Simulink programmiert. Im Gegensatz zu ISAR ist das Konzept jedoch zweigeteilt: in eine Modellbibliothek und eine Modellverwaltung. In der Modellbibliothek befinden sich die grundlegenden Antriebsstrangkomponenten eines Fahrzeugs, die dort verwaltet werden, während die Modellverwaltung die Parameterinformationen und zusätzliche Metadaten enthält, um zum Beispiel Versionierungsinformationen oder Bilder der Fahrzeugkomponenten bereitzustellen. Dieser Ansatz der getrennten Ablage von Modellen und Parametern wird in dieser Arbeit ebenfalls realisiert, jedoch mit dem Hintergrund zum einen unterschiedliche Parametersätze für ein Simulationsmodell zur Verfügung zu stellen (zum Beispiel kann dasselbe Simulationsmodell für unterschiedliche Motorvarianten verwendet werden) und zum anderen um jedes Modell mit einem Detaillierungsgrad zu behaften, um jeweils Aussagen über die Modellierungstiefe zu erhalten. Die hier beschriebe-

---

[182] Vgl. VDI-Bericht 1967 (2006), S. 387-404

[183] Vgl. Langermann (2008), S. 18-19

nen Simulationswerkzeuge bzw. -umgebungen decken nur zum Teil die Anforderungen an einen durchgängigen Simulationsprozess in der sehr frühen Phase der Fahrzeugentwicklung ab. Zwar weisen sie auf der einen Seite eine breite und modularisierte Ansammlung an Triebstrangkomponenten auf, die je nach Bedarf zusammengeschaltet werden können, aber sie lassen sich nicht in solch einer Struktur anordnen, so dass das Gesamtsystem dem Abbild einer zugrunde liegenden, hierarchisierten Stückliste entspricht und damit sowohl der konsequente Baukastencharakter als auch ein hoher Grad an Automatisierung durch die Definition von Detaillierungsgraden und das Einlesen der befüllten Stücklisten umgesetzt werden können. Daher wird in dieser Arbeit ein neuer Simulationsprozess vorgestellt, welcher sicherstellen soll, dass die zunehmende Komplexität und Variantenvielfalt von Fahrzeugkonzepten in der Frühen Phase beherrscht werden kann. Die Modelle der Simulation sollen aktuell und konsistent, sowie von verschiedenen Bereichen im Unternehmen verwendbar sein. Deren strukturierte Anwendung fußt auf einer internen Basisstruktur. Dieses Gebilde stellt ein Simulationswerkzeug dar, welches die Daten von Simulationskomponenten (wie z. B. Motormodelle, Batteriemodelle, etc.) und technischen Zielgrößen (wie z. B. Gewicht, Radstand etc.) einheitlich und zentral ablegt und zur Bewertung automatisiert und standardisiert heranzieht, um die Chancen und Risiken in der Frühen Phase abzuschätzen. Zusätzlich werden die verwendeten und berechneten Technologiedaten sowie Ergebnisse verwaltet und als Referenz aufbereitet. Dies ermöglicht ein Monitoring der Reifegradentwicklung und der Qualität der Ergebnisse bis zu einem bestimmten Meilenstein in der frühen Phase der Fahrzeugentwicklung:

„Der Schlüssel zum Erfolg liegt im konsequenten Einsatz virtueller Entwicklungsmethoden im Produktentstehungsprozess. Sowohl in der frühen Entwicklungsphase, als auch als Absicherungsmethode für Softwareversionen und Hardwarevarianten müssen diese Methoden intensiv umgesetzt werden."[184]

4.3 Simulationswerkzeuge

Bevor das eigentliche Simulationskonzept vorgestellt wird, sollen in diesem Abschnitt kurz die alternativen Konzepte aufgezeigt und erläutert werden. Die Anforderungen an das Simulationskonzept sind in Kapitel 4 auf Seite 43 beschrieben. An dieser Stelle sei nochmals erwähnt, dass das Ziel der virtuellen Entwicklung eine Reifegraderhöhung in der frühzeitigen Identifikation von Zielkonflikten ist. Denn nur damit lässt sich die Produktreife steigern und die Produktzyklen der Entwicklung bis zum Serienprodukt verkürzen.[185] Um die beste

---

[184] Vgl. Seiffert, Rainer (2008), S. 6
[185] Vgl. Seiffert, Rainer (2008), S. 7

Lösung zur Bewertung von Konzeptvarianten zu sehr frühen Zeitpunkten zu finden, sind im Folgenden zwei Konzeptalternativen vorgestellt.

4.3.1 Alternatives Simulationswerkzeug 1: Insellösungen

In fast allen Phasen der Produktentwicklung werden situativ alleinstehende Simulationswerkzeuge eingesetzt. Besonders in der Frühen Phase werden diese sogenannten Insellösungen von Fachbereichen erstellt. Sie sind meistens von niedrigerem Komplexitätsgrad und können als eine Art „verlängerter Taschenrechner" angesehen werden. Durch den projektspezifischen Aufbau solcher Werkzeuge ist selbst die Wiederverwendbarkeit von einzelnen Modellen so gut wie unmöglich. Es werden viele Teilsysteme separat erstellt. Die Zusammenschaltung der erzielten Ergebnisse muss dabei nicht die beste Lösung aus Gesamtsystemsicht sein (falls eine systemübergreifende Gesamtsimulation und damit die Zusammenschaltung der Insellösungen überhaupt möglich und kompatibel sind). Durch die Konzentration auf einzelne Teilkomponenten in der Entwicklung besteht das Risiko die Simulationsumgebung und damit die restlichen Komponenten zu vernachlässigen. Oftmals werden mehrere solcher Insellösungen hintereinander angewendet. Diese durchaus sehr komplexen Teilsimulationen sind voneinander unabhängig und können teilweise nur zu bestimmten Zeiten im Produktentstehungsprozess eingesetzt werden, da im Vorlauf meistens eine Synchronisation der erforderlichen Daten stattfinden muss, um diese zu einem Datenbereitstellungstermin im Zugriff zu haben. Dies zeigt einen entscheidenden Nachteil von komplexen und großen Insellösungen: sie sind starr und unflexibel, was Modifikationen und kurzfristige Änderungswünsche angeht. Außerdem ist der beschriebene Bedatungsaufwand sehr hoch und muss zentral koordiniert werden, was schließlich Ressourcen bindet. Der Vorteil einer solchen Herangehensweise ist die immer wiederkehrende zeitliche Taktung, verankert in einem Quality Gate[186]. Bei den weniger komplexen Teilsystemen (verlängerter Taschenrechner) ist ein Vorteil, dass ein Einzelaufbau dieser Werkzeuge schneller erfolgt als der Aufbau eines unflexiblen Gesamtsystems. Es kann außerdem situativ das am besten geeignete Simulationsprogramm ausgewählt und verwendet werden. Man bleibt dabei in seinem Teilsystem, also in seiner Simulationsumgebung, und hat keinen Schnittstellenaufwand, da Systemgrenzen nicht überschritten werden.

---

[186] Unter dem Begriff Quality Gate wird ein Projektmeilenstein nach Pfeifer verstanden, der „inhaltlich festgelegte und synchronisierte Messpunkte dar[stellt], an denen allen Leistungen einer Prozessphase erfüllt sein müssen. Nur wenn alle Phasenziele und Leistungsmerkmale erreicht sind, kann das Quality Gate durchschritten werden." (Vgl. Pfeifer et al. (2004), S. 21)

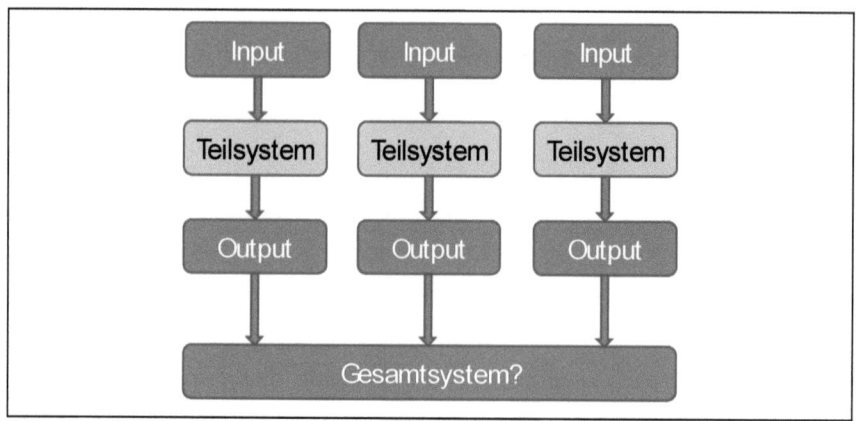

Abbildung 33: Teilsysteme als Insellösungen[187]

4.3.2 Alternatives Simulationswerkzeug 2: Simulationen koppeln

In der Dissertation von Langermann werden zwei unterschiedliche Arten der Simulationskopplung beschrieben[188]. Zum einen die lose Kopplung, unter welcher man die Ausführung mehrerer Simulationen nacheinander versteht. Dabei wird jede einzelne Simulation beendet und übergibt anschließend die Ergebnisse als Eingangsvariablen an die folgende Simulation. Diese Art der Kopplung ist zwar mit relativ wenig Aufwand zu realisieren, erlaubt jedoch keinen Variablenaustausch zur Laufzeit. Damit ist es nicht möglich die Simulationsumgebung zu wechseln, falls zur Berechnung einer Variablen ein anderes Programm geeigneter ist. Genau dieses Problem wird mit der festen Kopplung gelöst. Dabei werden die Teilsysteme an ein Zwischensystem, auch Middleware genannt, zu einem Gesamtsystem domänenübergreifend gekoppelt. Während eine Simulation läuft und zur Laufzeit der Wert aus einem weiteren Teilsystem benötigt wird, muss das erste Teilsystem pausieren und die bis dahin gerechneten Werte an das zweite Teilsystem übergeben. Damit laufen die an der Kopplung beteiligten Programme parallel und nutzen ihre eigenen Lösungsalgorithmen, wodurch sich die Rechenzeit gegenüber einer sequenziellen Abarbeitung deutlich reduziert.[189] Dadurch kann in dieser Umgebung der Wert berechnet werden, den das erste Teilsystem wiederum benötigt. Eine solche Middleware ist beispielsweise die

---

[187] Eigene Darstellung
[188] Vgl. Langermann (2008), S. 15-17
[189] Vgl. Schneider et al. (2007), S. 6

Plattform ICOS[190] (Independent Co-Simulation) oder TISC (TLK Inter Software Connector) von TLK-Thermo GmbH[191]. Der Vorteil, dass hier mehrere Teilsysteme zu einem Gesamtsystem gekoppelt werden können, hat allerdings auch gleichzeitig den Nachteil, dass ein hoher Schnittstellenaufwand für die Kopplung notwendig ist und Synchronisationsprobleme zwischen den Datenströmen auftreten können. Außerdem ist die Bedienung einer solchen Middleware nur mit Expertenwissen möglich und erfordert gegebenenfalls Schulungen und einen Austausch mit dem Hersteller der Middleware.

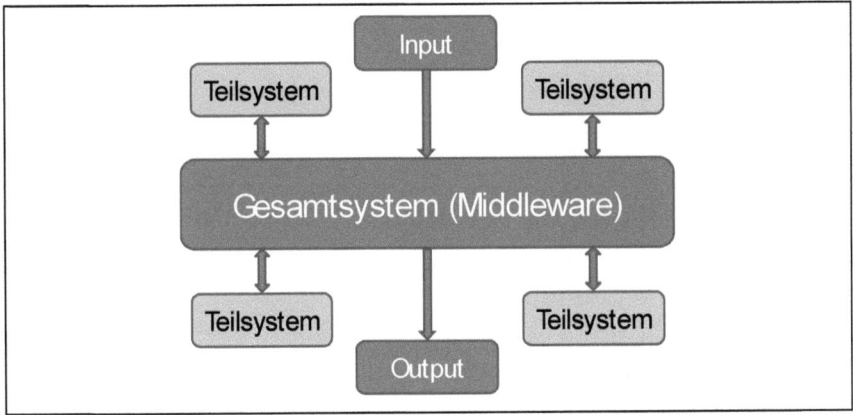

Abbildung 34: Teilsysteme gekoppelt über eine Middleware zum Gesamtsystem[192]

4.3.3 Zusammenfassung Simulationswerkzeuge

Durch die dargestellten Vor- und Nachteile, sowohl der Insellösungen als auch der gekoppelten Simulation, ist ein hybrider Ansatz beider Methoden zu betrachten (siehe Abbildung 35). Da man aus den Insellösungen mit vertretbarem Aufwand kein Gesamtsystem mit wiederverwendbaren Einzelsystemen erstellen kann und die Kopplung von Simulationsumgebungen zu einem Gesamtsystem weder eine benutzerfreundliche Anwendung noch die Möglichkeit eines in hohem Maße flexiblen und automatisierten Prozesses darstellt, ist der hybride Ansatz der zielführendste und wird als Vorschlag für ein Simulationswerkzeug in dieser Arbeit verwendet. Durch den zentralen Input der notwendigen Informatio-

---

[190] ICOS ist eine Co-Simulationsplattform, welches vom Forschungszentrum Virtual Vehicle in Graz entwickelt wurde. Für weitere Informationen sei auf deren Homepage http://www.v2c2.at/ verwiesen

[191] Für weitere Informationen sei auf die Homepage des Herstellers verwiesen: http://www.tlk-thermo.com

[192] Eigene Darstellung

nen für die Simulation ist eine benutzerfreundliche Steuerung möglich. Es wird allerdings darauf hingewiesen, dass das primäre Ziel, Modelle mit unterschiedlichen Detaillierungsgraden zu koppeln und einen automatischen Gesamtmodellaufbau zu realisieren, ohne eine Co-Simulation ermöglicht wird. Die Schnittstellen, welche für die Co-Simulation benötigt werden, werden allerdings vorgehalten und in einer weiteren Umsetzungsphase projektiert.

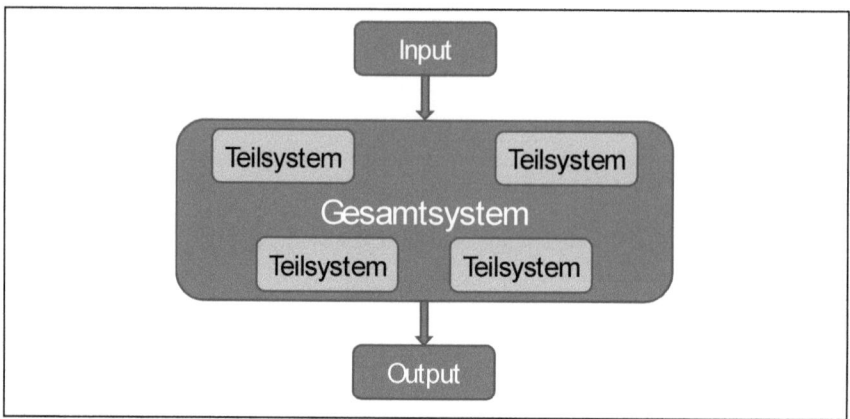

Abbildung 35: Hybrider Ansatz[193]

4.4 Matlab, Cruise und CarMaker - Simulationswerkzeuge und -plattformen

Die Voraussetzung für eine Optimierung oder Erweiterung eines Simulationsprozesses, wenn eine Integration in ein Unternehmen anvisiert wird, ist die Analyse der bereits vorhandenen Infrastruktur, in dem das Werkzeug letztlich eingesetzt werden soll. Um eine möglichst breite Anwendung der zu entwickelnden Methode zu erzielen, ist es notwendig, die bereits bestehenden Simulationswerkzeuge, welche in der Frühen Phase eingesetzt werden können, zu untersuchen. Dabei ist der hier vorgestellte Suchraum auf die vorhandenen Softwarelösungen begrenzt, die besonders, aber nicht abschließend, im Umfeld von OEM bereitgestellt werden, da es kein Ziel der Arbeit ist, eine solitäre Lösung durch den Einsatz eines bei den Unternehmen unbekannten Softwaretools zu schaffen. Im Folgenden Abschnitt soll kurz auf die vorhandenen Werkzeuge und deren Einsatzmöglichkeiten eingegangen werden. Dafür gibt es zwei Sichtweisen bei der Werkzeugauswahl. Zum einen kann man die drei Softwareprogramme Matlab,

---

[193] Eigene Darstellung

Cruise und CarMaker als gleichwertige Programme ansehen, mit denen Konzeptfahrzeugsimulationen durchgeführt werden können. Zum anderen lässt sich eine Hierarchie aufstellen, in der Matlab als führendes Modellierungswerkzeug gewählt wird, da die beiden anderen Programme jeweils standardmäßig Schnittstellen dorthin aufweisen (beispielsweise die Einbindung von Simulink Modellen). Somit wäre nur noch eine Entscheidung notwendig, ob Cruise oder CarMaker als Plattform die gestellten Anforderungen erfüllen, oder ob eine neue Umgebung für Konzeptbewertungen in der Frühen Phase vorgesehen werden muss. Da der zweite Ansatz als zielführende Sichtweise ausgewählt wird, wird nachfolgend Matlab als Simulationswerkzeug im Allgemeinen und Cruise und CarMaker als Plattformen im Speziellen untersucht.

Matlab

Die numerischen Funktionsbibliotheken LINPACK und EISPACK, welche ursprünglich in der Programmiersprache FORTRAN geschrieben wurden, bilden die Basis für das kommerzielle Werkzeug Matlab von der Firma The Mathworks Inc.[194] Dieses wird zu numerischen Berechnungen, zur Erstellung von Simulationsmodellen, zur Datenanalyse und zur Signalverarbeitung eingesetzt. Es ist ein universelles Werkzeug zur numerischen Problemlösung in naturwissenschaftlichen und technischen Bereichen. Mit Hilfe der interaktiven Simulink Umgebung können nicht nur Algorithmen für Regler- und Steuerelemente von Fahrzeugkomponenten erzeugt, sondern auch Gesamtfahrzeugberechnungen durchgeführt werden. Ein Beispiel ist die Anwendung für Berechnungen der Fahrzeugquerdynamik inkl. Steuergerätefunktionen zur Funktionsabsicherung. Ein Ausschnitt des Funktionsumfangs ist untenstehend gelistet, stellt allerdings keinen Anspruch auf Vollständigkeit dar, sondern soll als allgemeine, grundlegende Betrachtung für diese Arbeit gewertet werden:

- Es gibt maßgeblich zwei Verwendungsarten von Matlab:

    a) „Command Driven Mode": die Anweisungen werden von Hand direkt eingegeben und sofort ausgeführt. Man kann es als eine Art „großer Taschenrechner" bezeichnen.

    b) „File Driven Mode": Matlab wird als Programmiersprache eingesetzt. Die Anweisungen werden als Matlab-Programme gespeichert. Es können Skriptdateien programmiert werden, welche für häufig wiederkehrende Matlabkommandos oder Funktionen bei komplexen Programmabläufen verwendet werden können.

---

[194] Vgl. Beucher (2008), S. 1 f.

- Durch verschiedene, zusätzliche Programme (sogenannte „Toolboxes") ist Matlab erweiterbar, so dass weitere Funktionalitäten in das Programm integriert werden können.

- Die numerische Berechnung wird vor allem zur Vektor- und Matrixberechnung verwendet.

- Für das post-processing ist eine Analyse und Visualisierung von Datenmaterial möglich. Daten können dabei aus verschiedenen Dateien und Anwendungen bezogen werden. Zur Visualisierung gibt es die Möglichkeit unterschiedliche Darstellungsfunktionen (bspw. in 2D oder 3D) auszuwählen.

- Eine Dokumentation von Untersuchungen kann auf vielfältige Weise realisiert werden: ein Beispiel ist die automatische Erstellung eines vollständigen Berichts inklusive Programmcode, Kommentaren, Ergebnissen und Diagrammen.

- Matlab kann als ein Entwicklungstool für Algorithmen verwendet werden. Die Vernetzung mit anderen Programmiersprachen und Anwendungen ist dabei grundsätzlich möglich.

- Für die Anwendungsentwicklung ist es wichtig, dass beispielsweise grafische Benutzeroberflächen (sogenannte GUIs[195]) als Code, Executable oder Softwarekomponente erstellt und weitergegeben werden können.

Zusammenfassend lässt sich sagen, dass Matlab eine eigenständige Programmiersprache ist und zu den mathematisch orientierten Simulationsprogrammen, welche in Kapitel 3 auf Seite 47 detaillierter betrachtet wurden, gehört. Durch die Erweiterung von Matlab mit dem signalflussorientierten Simulationswerkzeug Simulink ist es möglich, Blockschaltbilder auf einer grafischen Oberfläche zur Simulation dynamischer Systeme zu erzeugen, welche durch programmierte Skripte in Matlab gesteuert werden können. Diese Kombination bzw. Interaktion zwischen Matlab und Simulink kann einen hohen Grad an Automatisierung bei der Modellerstellung und Bedatung erlauben (die Simulation wird dabei unter Matlab ausgeführt). Mit Simulink lassen sich besonders lineare und nichtlineare zeitabhängige Verhaltensweisen, die durch Differentialgleichungen beschrieben werden, untersuchen. Damit kann Simulink als numerischer Differentialgleichungslöser bezeichnet werden. Die Durchgängigkeit zwischen Matlab und Simulink erlaubt eine Übergabe der Ergebnisse von Simulink an Matlab und damit eine Dokumentation der Berechnungen außerhalb von Simulink. Ein Nachteil von Matlab ist die langsamere Ausführungszeit als ein in Maschinensprache übersetztes Programm (wie zum Beispiel C++ oder FORTRAN), da Matlab die

---

[195] GUI steht für Graphical User Interface

4.4 Matlab, Cruise und CarMaker - Simulationswerkzeuge und -plattformen

eingegebenen Kommandos erst interpretieren muss (Matlab ist ein sogenannter „Interpreter"). Dies hat allerdings wiederum den Vorteil, dass Kommandos unmittelbar ausgeführt werden können, was eine Erleichterung beim Testen von implementierten Programmen bedeutet. Eine bereits integrierte Fehleranalyse (Debugging-Funktionalität) erleichtert das Schreiben von Funktionen und das Aufsuchen von Fehlern im Programm. Als letzter Vorteil sind noch die benutzerfreundlichen Oberflächen in Matlab und die standardmäßig gefüllten Bibliotheken in Simulink zu erwähnen.

Die Plattform Cruise

AVL[196] bietet seit einigen Jahren die Software Cruise an, welche für Fahrzeug-, System- und Antriebsstrangsimulationen verwendet wird. Vor allem Fahrleistungs- und Verbrauchsberechnungen sind mit diesem Werkzeug darstellbar, da der Fokus auf den Antriebskomponenten liegt. Cruise bietet als Plattform die Möglichkeit, die Daten verschiedener Einzelkomponenten während der Simulation über ein Informationsnetz (virtueller Datenbus) auszutauschen. Diese standardmäßige Aufteilung der Simulationskomponenten in Einzelkomponenten entspricht dem Baukastengedanken, welcher in dieser Arbeit verfolgt wird. Zum Beispiel wird der Antrieb in Funktionskomponenten wie den Generator, den Fahrer und die Umwelt (beispielsweise die Straße) unterteilt. Mit diesem Ansatz entstehen Subsysteme. In diesen Subsystembeschreibungen sind die komponentenspezifischen Eigenschaften vorgespeichert. Dabei können die Datenmodelle mit verschiedenen Informations- und Datenbanksystemen sowie Programmen wie beispielsweise MATLAB/Simulink oder IPG CarMaker verbunden werden. Das Gesamtfahrzeugmodell kann durch vorgegebene Zielwerte im Bereich Fahrleistung und Energiemanagement bewertet und angepasst werden. Außerdem sind Parametervariationen, Sensitivitätsanalysen und Komponentenaustausch möglich. Um die Modelle untereinander zu koppeln, gibt es zwei Kopplungsmöglichkeiten zwischen den Einzelmassen des Antriebsstrangs: die dynamische Kopplung, welche über Kraftbeziehungen erfolgt und die kinematische Kopplung, welche durch Bewegungsgesetze entsteht. Dabei ist auch eine Verbindung beider Kopplungssysteme möglich. Dadurch entsteht eine hohe Modellflexibilität, aber auch Komplexität. Ein Data-Management speichert und steuert die Datenflüsse. Mit Hilfe einer Zugriffsrechteverwaltung können Rechte und Rollen vergeben werden. Die Erstellung von Bibliotheken mit verschiedenen Fahrern und Fahrstrecken ermöglicht eine hohe Quote an Wiederverwendbarkeit und Reduktion von Mehrfachaufwendungen. Diese Anforderung ist auch im zukünftigen System gewünscht, damit projektspezifisch eine Datenbank aufgebaut wird, die auch außerhalb des Projekts Verwendung finden kann. Die Ergeb-

---

[196] Homepage des Unternehmens AVL: https://www.avl.com/home Zeitpunkt des Abrufs: 08.08.2013

nisanalyse ermöglicht es, Diagramme zu erstellen und die Komponenten- und Parametervariationen zu untersuchen. Cruise kann zudem über Solver-Einstellungen vorwärts und rückwärts simulieren. Eine Rückwärtssimulation bedeutet, dass anhand einer Umkehrung der physikalischen Kausalitätskette simuliert wird. Dafür wird bei einem Fahrzyklus die vorgegebene Soll-Geschwindigkeit gleich der Ist-Geschwindigkeit gesetzt. Solch ein Ansatz kann verwendet werden, wenn die zu simulierende Brems- und Antriebsleistung für das vorgegebene Geschwindigkeitsprofil ausreicht und damit keine nennenswerten Abweichungen entstehen.[197] Bei Vorwärtssimulationen ist die Simulationsgeschwindigkeit im Vergleich zu anderen Simulationstools sehr hoch. Der Hauptvorteil ist auch gleichzeitig der Hauptnachteil: das objektorientierte Darstellen ist einerseits sehr übersichtlich und einfach bedienbar, andererseits wird die innere Struktur und damit die abzubildende Physik im Hintergrund versteckt. Dies macht Cruise quasi zu einer „bedatbaren" Black-Box. Der Nachteil dieser Darstellung ist, dass es nicht möglich ist, in kurzer Zeit etwas zu modellieren. Man kann immer nur auf vorhandene Bausteine aufsetzen. Abhilfe schafft hier nur ein umständliches Ausweichen auf C-Code. Als größter Nachteil ist allerdings zu erwähnen, dass der Modellaustausch manuell erfolgen muss und somit eine automatisierte Abarbeitung von vordefinierten Manöverlisten nicht möglich ist. Dieser Umstand lässt sich ohne intensiven Eingriff in den Quellcode auch nicht ändern. Die Folge ist, dass ein Umgang mit unterschiedlichen Detaillierungsgraden von Simulationsmodellen auf manuelle Art und Weise geschehen muss, da in Cruise keine Metadaten zu einer Komponente abgefragt werden können. Auch kann ein getrennt von einem Modell abgelegter Parametersatz nicht automatisch zu einem parametrierten Simulationsmodell zusammengeführt werden. Hinzu kommen im Vergleich zu den anderen genannten Softwarelösungen hohe Lizenzgebühren und Kosten für Simulationsmodelle, die einer weitreichenden Ausbreitung von Cruise häufig entgegenstehen.

Die Plattform CarMaker

Diese Plattform ist eine Entwicklung der Firma IPG Automotive GmbH[198], die intensiv mit AVL zusammenarbeitet. Die Kooperation hat das Ziel, die Kopplung zwischen der Antriebsstrangsimulation AVL mit der CarMaker Umgebung auszubauen. Wie das oben erwähnte Softwareprogramme Cruise ist CarMaker eine Plattform, um die Entwicklung und das Testen von Modellen, Konzepten, Komponenten und Kontrollsystemen durch Simulationen verschiedener Fahrzeuge zu ermöglichen. Es enthält echtzeitfähige, fahrdynamische Fahrzeugmodelle. CarMaker bietet eine offene Integrations-und Testplattform für Fahrdynamiksimulationen. Das Einsatzszenario ist breit gestreut und reicht von Model-in-

---

[197] Vgl. Haupt (2013), S. 36
[198] Homepage des Unternehmens IPG: http://www.ipg.de/ Zeitpunkt des Abrufs 08.08.2013

the-Loop über Software-in-the-Loop bis hin zu Hardware-in-the-Loop Simulationen. Für die Szenarien gibt es verschiedene Anwendungsbereiche von CarMaker. Zum einen können in virtuellen Testfahrten Fahrmanöver abgefahren werden nachdem Manöveranweisungen definiert wurden. Zum anderen können auf einer Modellplattform Fahrzeugkomponenten und Kontrolleinheiten in echtzeiteffizienten Modellen abgebildet und getestet werden. Die Inhalte der Modellplattform sind der IPG Trailer, welcher ein Echtzeittest von nichtlinearen Modellen ist, der IPG Driver, welcher mit einer Art künstlichen Intelligenz ausgestattet ist (Simulation der Aktionen und Reaktionen des Fahrers, wie beispielsweise die Reaktion auf die Verkehrssituation und das Selbstregeln von bestimmten Grenzgeschwindigkeiten), die IPG Road, welche 3D Straßenmodelle enthält und der IPG Traffic, welcher Verkehrs- und Umgebungssituationen in einer virtuellen Fahrzeugumgebung simuliert. Durch eine Integrationsplattform sind verschiedene Komponenten durch Simulink-Modelle ersetzbar. Auch in CarMaker werden das Modell und die Fahrzeugumgebung auf einer modularen Struktur aufgebaut (Baukastenprinzip). Die Modelle sind dabei nach Bauteil-Untergruppen geordnet. Die Dokumentation erfolgt über einen Test-Manager, der Ergebnisse in einem Testprotokoll speichert und über ein Anforderungsmanagement-Tool abrufbar macht. CarMaker bietet die Möglichkeit, Simulationen über Online-Dienste zu steuern, was einen Entfall der Kompilierungsschritte bedeutet.[199] Ein Unterschied zu Cruise besteht darin, während der Laufzeit einen dynamischen Austausch von Modellen zu ermöglichen.[199] Damit ist eine Standardisierung von Schnittstellen Voraussetzung. Für den künftigen Prozess soll ebenfalls der Austausch von Modellen erfolgen, allerdings nicht dynamisch zur Laufzeit, da nicht nur Variantenkombinationen, sondern Varianten mit unterschiedlichen Modellierungstiefen getestet werden sollen. Daher soll der Austausch automatisch und manöverabhängig erfolgen, so dass vor dem Start eines einzelnen Manövers die geeignetste Kombination aus Modellen konfiguriert werden kann.

4.5 Fazit

Nach einer Testphase der beiden unterschiedlichen Werkzeuge sind vor allem Lücken hinsichtlich der angestrebten Automatisierung und der Verwendung einer vorgegebenen Struktur identifiziert worden. Zusätzliche Nachteile von Cruise und CarMaker (teure Lizenzgebühren, teurer Modelleinkauf, bedingte, zustandsabhängige Manöversteuerung, geringe Verbreitung, komplizierte Modellintegration) können bei einem neuen Prozess gezielt vorweggenommen werden. Doch der entscheidende Nachteil für den Einsatz in einem durchgängigen Produktentstehungsprozess mit dem Fokus der sehr frühen Phase weisen beide

---

[199] Vgl. Schick et al. (2008), S. 6

Simulationsplattformen auf: die modulare Struktur der Modellumgebung eines Fahrzeugs ist nicht flexibel und lässt sich nicht an eine externe (bzw. unternehmensinterne) abgestimmte Baukastenordnung anlehnen, da die Struktur systemseitig vorgegeben wird. Damit fehlt die Durchgängigkeit von Stücklisten zu Simulationsmodellen. CarMaker zielt zwar auf die Durchgängigkeit im V-Modell ab, aber die Frühe Phase wird nicht weiter beachtet. Damit bietet es allerdings eine Durchgängigkeit in den darauffolgenden Entwicklungsphasen. Mit diesen Erkenntnissen ist entschieden, dass keine Erweiterung eines bestehenden Tools, sondern eine neue Umgebung mit Hilfe der Programmiersprache Matlab und der signalflussorientierten Modellierung Simulink als Plattform für Konzeptfahrzeugbewertungen in der sehr frühen Phase der Fahrzeugentwicklung entstehen soll. Als Fazit lässt sich zusammenfassen, dass beide Plattformen Eigenschaften und Funktionen haben, die ebenfalls an den vorgesehenen Prozess gestellt werden, jedoch liegt der Fokus auf der Durchgängigkeit und den Einsatz zu anderen Entwicklungszeitpunkten der Fahrzeugentwicklung und damit auf einen anderen Umgang und einer anderen Strukturierung von Simulationsmodellen. Besonders die Abbildung eines bereits bestehenden Baukastens in einen virtuellen Baukasten der Simulationsplattform ist nicht realisierbar.

5 Konzept zur methodischen Unterstützung für einen Entwicklungsprozess

In diesem Kapitel werden der Simulationsprozess und der Ablauf an Hand der Richtlinie VDI 2221 beschrieben. Im weiteren Teil werden die Strukturbasis und die modellierten Komponenten vorgestellt.

5.1 Bewertungsmethoden in der Frühen Phase der Automobilindustrie

5.1.1 Aktuelle Vorgehensweise und Defizite

Konzeptteams bilden in der Frühen Phase die Arbeitsgruppen, welche die technischen Inhalte in dieser Entwicklungsphase definieren. Dabei werden in Diskussionen neue Ansätze durch Markttrends oder technischen Fortschritt identifiziert. Die resultierenden Informationen werden in Arbeitsaufträgen an die entsprechenden Fachbereiche adressiert und bis zum darauffolgenden Treffen vorbereitet. Dies kann circa jede bis jede zweite Woche stattfinden und ist abhängig von der Dringlichkeit und dem Umfang der Problemlösung. Während dieser Zeit finden Bewertungen statt, die eine Entscheidungsfindung erleichtern sollen. Durch das regelmäßige Treffen und den Abgleich der bis dato erfolgten Ergebnisse entstehen erneute Arbeitsaufträge. Bei diesem Vorgehen werden mehrere entscheidende Merkmale identifiziert:

- Ineffizientes und unflexibles Vorgehen bzgl. Änderungen zwischen den Zeiten des regelmäßigen Austauschs

- Neue Konzeptideen können nicht fachbereichsübergreifend für eine Grobbewertung analysiert werden, da unterschiedliche Anforderungen unterschiedliche Fachabteilungen zur Mitarbeit erfordern

- Einseitige Auslastungen bestimmter Fachabteilungen durch intensive Arbeitsaufträge möglich

- Daraus können Wartezeiten für Fachbereiche resultieren, die auf Ergebnisse anderer Teilnehmer angewiesen sind

- Keine übergreifende und einheitliche Verwaltung der Ergebnisse, da diese auf unterschiedliche Art und Weise entstehen und bestenfalls nachträglich zusammengeführt werden können

- Schwierige Nachvollziehbarkeit des Reifegrades durch inhomogene Dokumentation des Entwicklungsfortschritts
- Manuelles Einbinden von Simulationskomponenten für sehr viele Fahrzeugkonfigurationen kann sehr zeitintensiv und aufwendig sein
- Unterschiedliche Anforderungen benötigen ggfls. eine unterschiedliche Detaillierungstiefe der Komponenten. Damit werden teilweise zu detaillierte Modelle verwendet, welche für die Fragestellung nicht notwendig sind. Ein aufwendiger Initialisierungsprozess bspw. zur Parametrierung der Modellkomponenten kann die Folge davon sein

5.1.2 Eine Bewertungsmethode als Verbesserungsvorschlag

Um sich den genannten Herausforderungen zu stellen, wird in dieser Arbeit ein Simulationsprozess beschrieben, welchem eine projektspezifische Konfiguration von Konzeptfahrzeugen und eine anforderungsspezifische Parametrierung der Simulationskomponenten zu Grunde liegt. Erfordern zwei nacheinander auszuführende Simulationen zwei unterschiedliche Parametersätze und/oder unterschiedliche Simulationsmodelle, so erfolgt die Auswahl und Integration automatisiert aus einer Datenbank. Werden neue Modelle oder Parametersätze benötigt, werden diese in den Baukasten aufgenommen. Durch die kontinuierliche Weiterentwicklung bestehender und die Integration neuer Komponenten wird eine sukzessive Erhöhung des Reifegrades für laufende Projekte und eine Sicherstellung der Wiederverwendbarkeit folgender Projekte gewährleistet. Die stetig wachsende Variantenvielfalt von Fahrzeugkonfigurationen und deren steigende Funktionsumfänge erfordern eine umfangreiche virtuelle Funktions- und Eigenschaftserprobung schon in der Frühen Phase, um den Reifegrad und die Bewertungsqualität für nachfolgende Untersuchungen zu erhöhen. Zusätzlich kann zu dieser strukturierten Vorgehensweise eine durchgängige Dokumentation und damit eine Nachverfolgbarkeit der erzielten Ergebnisse bis auf Bauteilebene sichergestellt werden.

5.2 Der Ablauf der Simulation nach dem Vorgehensmodell VDI 2221

In Kapitel 2 auf Seite 29 wurde das Vorgehensmodell nach der VDI Richtlinie 2221 mit den sieben Arbeitsabschnitten vorgestellt. Zusammenfassend beschreibt diese Methode eine Leitlinie, um den Gesamtprozess für das Konstruieren technischer Produkte oder das Entwickeln von Software-Systemen zu strukturieren. Im Zusammenhang mit dieser Arbeit wird das Vorgehensmodell 2221 für das Entwickeln von Lösungen unter Einsatz eines Simulationsmodells ver-

5.2 Der Ablauf der Simulation nach dem Vorgehensmodell VDI 2221

wendet. Das bedeutet, dass die Entstehung eines technischen Produktes, wie in der Richtlinie 2221 beschrieben, der Entstehung eines virtuellen Fahrzeugs entspricht und die schrittweise Annäherung an dieses durch die sieben Arbeitsabschnitte beschrieben wird. Im Folgenden werden die sieben allgemeinen Arbeitsabschnitte, welche als Weißdruck in der zweiten Auflage niedergeschrieben sind, in die sieben virtuellen Arbeitsabschnitte des Simulationsprozesses übersetzt. Die Inhalte beider Vorgehensweisen werden in Abbildung 36 gegenübergestellt.

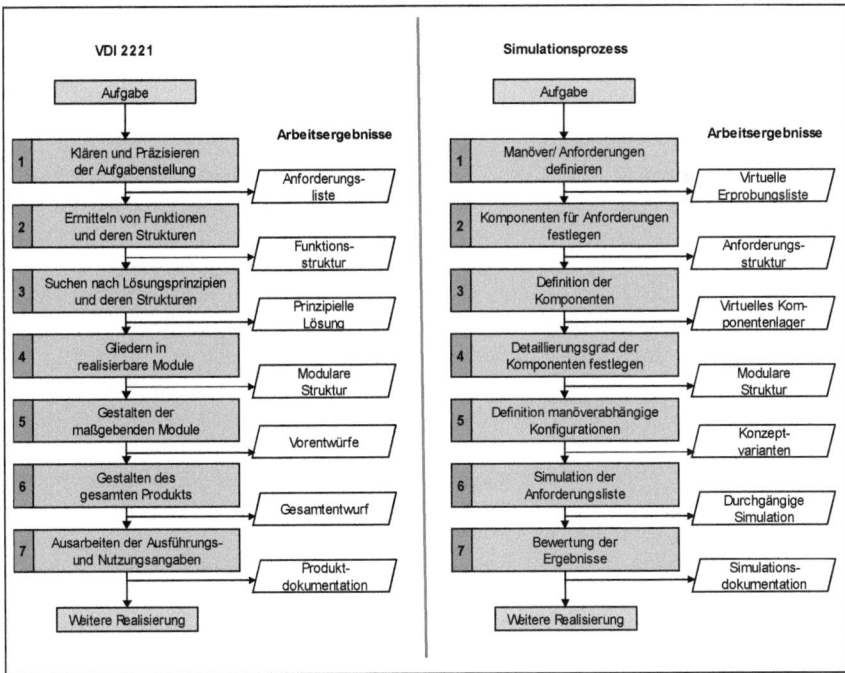

Abbildung 36: Das Vorgehensmodell VDI 2221 auf der linken Seite als Leitlinie und der Simulationsprozess auf der rechten Seite[200]

Arbeitsabschnitt 1: Virtuelle Erprobungsliste

Die Definition der Anforderungen fließt in die Konkretisierung von Manövern, welche auch ein zustandsabhängiges Verhalten aufweisen können. Dazu müssen die Abläufe und die beteiligten Komponenten identifiziert werden. Die Anforderungen enthalten Aussagen über die Ansprüche an das Simulationsmodell. Zusätzlich müssen die Anforderungen aus textuellen Beschreibungen in maschinen-

---

[200] Eigene Darstellung: für die linke Seite wird Bezug auf VDI-Richtlinie 2221 (1993-2005) genommen.

lesbare Manöver übersetzt werden. In diesem Fall sind es bspw. Anforderungsformulierungen in Excel, welche in zustandsabhängige Profile und eine notwendigen Steuerung münden. Auch können noch weitere Randbedingungen zur Präzisierung der Anforderungen hinzukommen bzw. müssen definiert werden. Die Eigenschaften eines Fahrzeugs werden in Teilfunktionen zerlegt. Zum Beispiel kann sich die Eigenschaft „sportlich" in die Teilfunktionen Beschleunigungen, Elastizitäten, Höchstgeschwindigkeit und Rundenzeiten zerlegen lassen. Diese bestimmen den Charakter der Eigenschaft als Hauptfunktion, da sie dem bestimmungsmäßigen Zweck entsprechen. Die Abstimmung einer solchen Anforderungsliste wird meistens als gemeinsame Aufgabe durch mehrere Unternehmensbereiche durchgeführt.

Arbeitsabschnitt 2: Anforderungsstruktur
Aus der Anforderungsliste müssen die von der Simulation zu erfüllenden Funktionen definiert werden. Die Komponenten werden dafür festgelegt und in eine hierarchische Beziehung gestellt, so dass eine Grobfestlegung der Schnittstellen und die Aufteilung von Komponenten und deren Funktionen in Subsysteme und Teilfunktionen stattfinden können. Die Kommunikation der Komponenten untereinander muss gewährleistet sein, so dass eine Simulationsarchitektur entstehen kann. Zu diesem Informationsaustausch muss eine Steuerung und Regelung des Systems vorhanden sein. Der Informationsfluss findet anhand der standardisierten Schnittstellen statt. Zu vermeiden sind ausschließlich sehr detaillierte Komponenten, da sie nicht für alle Anforderungen notwendig sind und einen großen Integrations- und Parametrierungsaufwand bedeuten, genauso wie zu unspezifische Komponenten, da sie nur eine beschränkte Aussagekraft haben bzw. nur zu frühen Zeitpunkten für eine kursorische Analyse ausreichen.

Arbeitsabschnitt 3: Virtuelles Komponentenlager
Im dritten Arbeitsabschnitt geht es um die konkrete Definition der Komponenten und die Suche nach Algorithmen, welche das Verhalten und die Funktionen der Anforderungen realisieren. Dabei finden eine Bewertung und Auswahl geeigneter Komponenten und deren physikalischen Effekte zur Erfüllung der Funktionen sowie die Schnittstellenstandardisierung zur Verknüpfung in die Gesamtstruktur statt. Komponenten können in Teilfunktionen und damit in Subsysteme aufgeteilt werden, um diese in unterschiedlichen Kombinationen zu Varianten zu verknüpfen. Die Komponenten werden damit in realisierbare Module aufgegliedert und eine virtuelle Komponentenbibliothek entsteht.

Arbeitsabschnitt 4: Modulare Struktur
Bevor die Komponenten zu Gesamtsystemen verknüpft werden, ist es zweckmäßig, eine weitere Strukturierung durchzuführen. Für die zusätzliche Gestaltung werden die maßgebenden Komponenten oder Subsysteme nach ihrem Detaillierungsgrad hierarchisiert. Dieser Schritt legt die anschließenden Konfigurations-

möglichkeiten fest. Diese Vorgehensweise erhöht die Freiheitsgrade der Simulation durch das Verknüpfen von komplexen und komponentenreichen Modellen. Zusätzlich ist dies der Grundstein für eine Automatisierung in der Konfigurationserstellung. Es hat sich als hilfreich erwiesen, für jede notwendige Komponente eine Definition der Detaillierungsgrade zu erstellen, die alle physikalischen Eigenschaften formuliert. Damit kann die Komplexität des Gesamtsystems verringert und die Interaktion zwischen Komponenten mit unterschiedlichen Detaillierungsgraden sichergestellt werden. Die Nahtstellen zwischen den einzelnen Komponenten werden einheitlich festgelegt. Da zur Erfüllung einer Funktion mehrere Detaillierungsgrade möglich sind, werden in diesem Schritt die Komponenten eindeutig abgegrenzt. Dieser Arbeitsabschnitt wird durchgeführt, bevor das eigentliche Simulationsmodell erstellt wird.

Arbeitsabschnitt 5: Konzeptvarianten
Der erste Schritt dieser Umsetzung ist die Identifikation der notwendigen Simulationskomponenten. Die Baustruktur wird festgelegt. Die Konfigurationskonzepte werden mit den maßgebenden Modulen anforderungsspezifisch ausgewählt und erstellt. Dabei werden die Konfigurationskonzepte nur so detailliert erstellt, wie es die Anforderung vorgibt. Erst die Zusammenstellung von einer Konfiguration erlaubt die Möglichkeit von Simulationen. Alle dafür notwendigen Daten und Parameter sind in der Konfiguration abgelegt. Beliebige Variationen können zu Konzeptvarianten erstellt werden. Die Simulation der einzelnen Konfigurationen ist nun möglich, kann aber sehr berechnungsintensiv sein.

Arbeitsabschnitt 6: Durchgängige Simulation
Die Konkretisierung besteht in der Zusammenfassung der einzelnen Anforderungen mit der jeweiligen Konfiguration. Die Verwendung der Anforderungsliste führt zu einem systematischen und spezifischen Aufbau des Simulationsmodells. Damit werden die einzelnen Simulationen zu einem Simulationsprozess durch Auswahl mehrerer Anforderungen aus der Anforderungsliste vervollständigt. Während der Arbeitsschritte fünf und sechs kann das Verhalten der Komponenten noch beeinflusst werden. Im Vordergrund steht nun die günstigste (gerade noch ausreichend detaillierte) Komponentenkonfiguration pro Anforderung. Die Konzepte sollen dabei so vollständig sein, dass eine technische Machbarkeitsstudie anhand der vorgegebenen Anforderungen durchgeführt werden kann. Die Architektur, in der die Komponenten integriert werden, bleibt stets erhalten. Nur eine entsprechende Belegung an den Schnittstellen der Architektur trägt zum Aufbau unterschiedlicher Varianten bei. Ansonsten sind diese Schnittstellen teilnahmslos. In diesem Abschnitt werden die einzelnen Module zu einem Gesamtsystem zusammengefasst. Dazu gehört auch die Zuordnung des Gesamtsystems zu einer Umgebung. Das Ergebnis ist ein lauffähiges System, welches,

analog zur Entwicklung eines materiellen Produkts, einem Prototypen entsprechen würde.

Arbeitsabschnitt 7: Simulationsdokumentation
Im letzten Abschnitt findet eine Dokumentation der Berechnungsergebnisse statt. Dabei werden für jede Anforderung die verwendeten Komponenten und Parametersätze, der gesamte Signalfluss, mögliche Ergebnisse einer Auswertefunktion sowie weitere Metadaten über den Simulationsvorgang dokumentiert. Diese durchgängige Dokumentation ermöglicht bei einer anschließenden möglichen Projektierung einzelner Konzepte eine Verfügbarkeit aller Unterlagen und Prämissen bis auf Bauteilebene. Weitere nachfolgende Detailuntersuchungen müssen in anderen Unternehmensbereichen zur Ausarbeitung weiter verfolgt werden. Die vollständige Simulationsdokumentation dient der Reproduzierbarkeit und Wiederholung von Anforderungsuntersuchungen.

Die vier Phasen
Die erwähnten Arbeitsabschnitte lassen sich in vier Phasen unterteilen, welche im Wesentlichen als Bedienoberflächen im Simulationsprozess visualisiert sind. Die erste Phase beinhaltet den Aufbau der Anforderungsliste. Diese Phase ist eigentlich eine kontinuierliche Phase, welche während des kompletten Durchgangs auch immer wieder angepasst werden kann. Für den Aufbau wird ein Werkzeug entwickelt, welches über eine übersichtliche Bedienoberfläche die Erstellung erleichtert. Die zweite Phase entspricht den Eintragungen in die Produktstrukturbasis. Hier werden die Komponenten aufgegliedert, welche das Konzeptfahrzeug beinhaltet. Sie umfasst den Arbeitsabschnitt zwei. In Phase drei wird eine weitere Bedienoberfläche des Simulationsprozesses zur Auswahl der Anforderungen und der zugehörigen Modellkomponenten verwendet. Diese Phase beinhaltet die Arbeitsabschnitte drei, vier, fünf und sechs. Die letzte Phase wird von der Simulationsdokumentation bestimmt und enthält den letzten Arbeitsabschnitt sieben.

5.3 Grundsätzliche Beschreibung des Simulationsprozesses

Bei dem Simulationswerkzeug handelt es sich um einen Simulationsprozess und nicht ausschließlich um ein Simulationsmodell für Konzeptbewertungen. Die Qualität der Ergebnisse ist nur so gut, wie die Qualität der Simulationsmodelle. Daher wird in dieser Arbeit kein Fokus auf die Modellgüte oder -qualität gelegt, sondern ein strukturierter Prozess vorgestellt und beispielhaft angewendet, um den Reifegrad in der Frühen Phase der Fahrzeugentwicklung zu erhöhen. Der gesamte Simulationsprozess wird vom Nutzer über drei Bedienoberflächen gesteuert (siehe Abbildung 37). Das hat den Vorteil, dass man keine Matlab- oder weitere Programmierkenntnisse benötigt, um Berechnungen zu starten und Er-

5.3 Grundsätzliche Beschreibung des Simulationsprozesses

gebnisse zu analysieren. Dies ist eine weitere Prämisse, damit dieser Prozess auch fachbereichsübergreifend Einsatz findet. Da sich der Prozess in der operativen Anwendung befindet wird er mit dem Namen „OverNight-Testing" oder kurz ONT benannt.

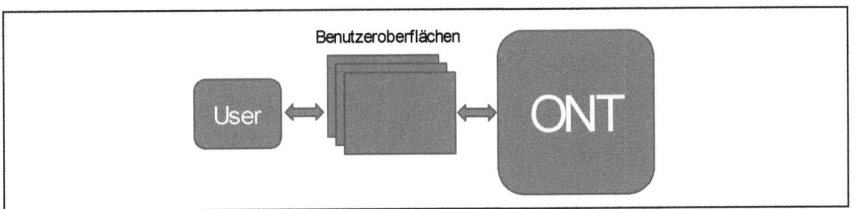

Abbildung 37: Die Bedienung durch Oberflächen ermöglicht eine dezentrale Steuerung[201]

Der Ansatz der Methodik beruht auf der Basis des Baukastenprinzips und deren konsequente Umsetzung in allen Abstraktionsebenen. Unter einem Baukasten versteht man die Ablage und Kategorisierung von Bauteilen in einer festgelegten Struktur mit dem Ziel, die Wiederverwendbarkeit von Komponenten zu erhöhen und durch Stückzahleffekte die Materialeinzelkosten (MEK) zu reduzieren. Durch die Verwendung eines Baukastenansatzes in der Bewertungsmethode in der Frühen Phase kann dadurch nicht nur eine Durchgängigkeit der Strukturierung, sondern auch eine Verfolgbarkeit und Dokumentation mit Hilfe den einheitlich formulierten Schnittstellen geschaffen werden. Dies hat unter anderem den Vorteil, dass Manöverkonfigurationen in derselben Struktur dargestellt werden, wie die Komponenten in der Simulation eingeordnet sind. Zusätzlich ist eine Ausweisung der Ergebnisse auf Bauteilebene möglich. Damit lassen sich nachfolgende Optimierungsverfahren effizienter einsetzen. Eine Komponente kann von ihrer Auswahl für ein Simulationsmodell bis hin zum Post-Processing mit all ihren Informationen nachverfolgt werden. Zusätzlich orientiert sich die Aufteilung der Komponenten des Simulationsmodells an den realen Bauteilen und deren Schnittstellen, um eine spätere Modellmanipulation, also einen Austausch ganzer Modellblöcke, gezielt vorzunehmen. Die Anwendung dieser Methode zeigt, dass der Schlüssel zum Erfolg für Simulationen von virtuellen Erprobungen in der Frühen Phase drei Faktoren sind: die Qualität der Modelle und des Gesamtprozesses, die durchgängige Dokumentation, sowie die Verfügbarkeit und Bereitstellung eines strukturierten Simulationsprozesses. Um die Qualität der Modelle sicherzustellen, ist die Integration von abteilungsübergreifendem Know-how in der Modellierung notwendig. Zur Qualitätssicherung des Gesamtprozesses sind ein möglichst hoher Grad an Automatisierung und eine konse-

---

[201] Eigene Darstellung

quente Weiterentwicklung der Prozessschritte notwendig. Eine ausführliche und durchgängige Dokumentation macht die Ergebnisbewertung transparent und nachvollziehbar. Zusätzlich wird eine Versionsverwaltung von Dateien und Verzeichnissen (bspw. Apache Subversion[202]) integriert, um nicht nur die gesamten Inhalte der Bibliothek zu versionieren, sondern auch eine konsequente Weiterentwicklung des Prozesses sicherzustellen. Damit wird eine bessere Nachvollziehbarkeit von unterschiedlichen Modellständen und/oder Parametrierungssätzen gewährleistet.

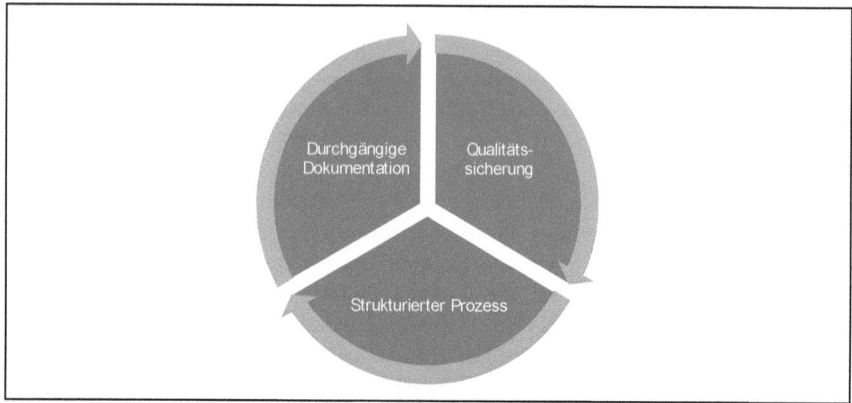

Abbildung 38: Die drei Erfolgsfaktoren des Bewertungsprozesses[203]

5.4 Der Prozess und die Umsetzung

Der Prozess lässt sich in mehrere Teilschritte zerlegen, wobei es sich als effektiv gezeigt hat, die einzelnen Abschnitte in drei Sektionen zu unterteilen und diesen auch jeweils drei Bedienoberflächen zuzuordnen. Die erste Oberfläche stellt die Schnittstelle der Ausgangsstruktur mit der Datenbank dar und ist die Übersetzung einer textuellen Beschreibung des Gesamtfahrzeugs in virtuelle Simulationskomponenten. Die zweite Oberfläche visualisiert die abgelegte und zu analysierende Fahrzeugkonfiguration und zeigt die dazugehörigen Simulationskomponenten an. Außerdem lassen sich hier die Modellmanipulation sowie die Freischaltung der Manöver und Anforderungen an das Fahrzeugkonzept automatisiert vornehmen. Als letzte Bedienoberfläche ist eine Ergebnisaufbereitungs- und Darstellungs-GUI umgesetzt, welche eine reine Visualisierung der abgelau-

---

[202] Apache Subversion ist eine frei erhältliche Software, um eine Projektverfolgung auf Dateiebene durch die Zuordnung von Revisionsnummern sicherzustellen.
[203] Eigene Darstellung

fenen Berechnungen und der gespeicherten Signale in einem Post-Processing-Schritt ist.

5.5 Die Ausgangsbasis der Komponentenkonfiguration

Um nicht nur eine Durchgängigkeit in dem Gesamtprozess, sondern auch eine Kompatibilität innerhalb des Einsatzszenarios herzustellen, muss die Basis der Methode auf einem strukturierten und gleichzeitig beschreibenden Dokument fußen. Mit einem beschreibenden Dokument ist in dieser Arbeit eine Vorlage gemeint, welche die Inhalte der notwendigen Simulationskomponenten in textueller Form enthält. Dabei ist es wichtig, dass dieses Dokument nach einer definierten Struktur hierarchisch aufgebaut ist, um eine Konsistenz in der Darstellung und eine Vergleichbarkeit über die Fahrzeugprojekte zu erhalten. Ein solches Dokument stellt die Produktstrukturbasis oder kurz PSB dar. Hier soll auf die vorgebende Struktur eingegangen werden.

Die PSB kann als eine standardisierte Gliederungsstruktur für die Komponenteneinheiten eines Fahrzeugs gesehen werden, unabhängig von einer konkreten technischen Umsetzung oder einem Konzept. Sie stellt eine durchgehende Gliederung zur Verwaltung von einheitlich strukturierten Produktstrukturen in der Frühen Phase der Produktentwicklung, beispielsweise für die Erstellung und Pflege von Konzeptstücklisten (Technische Produktbeschreibung/ Entwicklungsstücklisten) dar. Des Weiteren werden aufwändige Abstimmungen zur Erstellung einer konsistenten und aktuellen Dokumentation der Fahrzeugstruktur in der Frühen Phase der Produktentwicklung durch sie vermieden. Mittels der PSB sind Lösungskonzepte und Konzeptalternativen, die hauptsächlich in der Frühen Phase der Fahrzeugentwicklung entstehen, wesentlich effizienter zu verwalten sowie leichter vergleichbar und bewertbar als ohne gemeinsame Basis. Die PSB kann als vollständige Fahrzeugbeschreibung für ein Fahrzeugprojekt angesehen und verwendet werden. Dabei sind alle Komponenten und Bauteile nach einer definierten Logik hierarchisch in textueller Form beschrieben, so dass diese Struktur 100% der Komponenten im Fahrzeug beschreiben kann. Klassisch lässt sich bspw. das Gesamtgewicht des Fahrzeugs als Summe aus den Einzelgewichten jeder in der PSB beschriebenen Komponente berechnen. Damit wird sichergestellt, dass das Fahrzeug nicht nur vollständig ist und die entsprechenden Aggregate zur Funktionsabsicherung vorhanden sind, sondern auch eine Verfolgbarkeit von Gewichtszielen darstellen, um potentielle Chancen und Risiken ausweisen zu können und gegebenenfalls eine komponentenspezifische Auswahl oder Anpassung zu treffen. Da die PSB über die Laufzeit der Projektentwicklung als Grundlage für die Inhalte des Fahrzeugs und als Entscheidungsbasis angesehen werden kann, wird in der hier vorgestellten Methode diese Struktur gewählt, um eine konsistente und abgestimmte Grundlage für die Konfiguration von Simulationsmodellen und dem nachfolgend automatisierten Simulationsmodellaufbau zu erhalten. Als Beispiel für die Inhalte einer PSB wird in Kapitel 6 in dieser Arbeit auf das Förderprojekt e-generation eingegangen, wobei nochmals erwähnt wird, dass die Struktur in beliebigen Fahrzeugprojekten erhalten bleibt.

5.5.1 Der Aufbau der Produktstrukturbasis

Der hierarchische Aufbau der PSB stellt eine Baumstruktur dar, die aus Gliederungselementen von sieben Hierarchiestufen besteht. Die PSB-Gliederungselemente geben damit eine funktionsorientierte Struktur vor, mit deren Hilfe ein Fahrzeug beschrieben werden kann. Alle Gliederungselemente in der Produktstruktur sind mit einer Identifikationsnummer, einer Stufe sowie einer Sortierreihenfolge versehen. Dadurch ist die Struktur durchgehend eindeutig. Diese Hierarchiestufen lassen sich in elf Kategorien zusammenfassen, welche die obersten Ebenen widerspiegeln. Unter diesen Kategorien bildet die erste Ebene einen Sonderfall. Hier werden die nicht komponentenbezogenen Daten eines Fahrzeugs beschrieben, die aber aus Gesamtfahrzeugsicht zur Charakterisierung des Fahrzeugs beitragen. Darunter versteht man bspw. Zahlenwerte, welche die Geometrie, das Gesamtgewicht, die Achslastverteilung und aerodynamische Kenngrößen des Konzepts darstellen. Die weiteren Kategorien der obersten Ebene lassen sich in die Bereiche Motor, Elektrische Antriebskomponenten, Getriebe, Fahrwerk, Karosserie, Elektrik, Motorspezifische Umfänge, Querschnittsfunktionen, Gesamtfahrzeug und Projektmanagement aufteilen. Die zweite Schicht unter der obersten Ebene umfasst die Bauteilgruppen. Die Stufe darunter lässt sich je nach Kategorie in Einzelkomponenten oder in Komponentengruppen zusammenfassen. So wird die Abstraktionsebene jeder Kategorie definiert und fortgeschrieben. Die maximale Anzahl an Stufen wird dabei auf sieben beschränkt, um die Übersichtlichkeit und Handhabbarkeit der Struktur zu gewährleisten.

Ein Beispiel für funktionsorientierte Gliederungselemente der PSB sind „Fahrwerk", „Räder/Reifen" und „Räder" (vgl. Abbildung 39). Hier sieht man die hierarchischen Stufen und Einordnung anhand der immer feiner werdenden Auflösung der Bauteilbeschreibung.

Durch die Verwendung einer solchen eindeutigen Struktur als Basis für einheitliche, durchgängige und vergleichbare Datenstrukturen können die Synchronisation und Vereinheitlichung der vorhandenen Datenstrukturen im Produktentstehungsprozess, die zentrale Bereitstellung relevanter Informationen in der Frühen Phase, eine Erhöhung und eine Nachverfolgbarkeit des Reifegrades der Produktbeschreibung in der Frühen Phase sowie eine verbesserte Kommunikation, Flexibilität und Vergleichbarkeit zwischen Projekten zur einheitlichen Vorgehensweise sichergestellt werden. Da aber die textuelle Beschreibung dieser

5.6 Modellbildung des Antriebsstranges

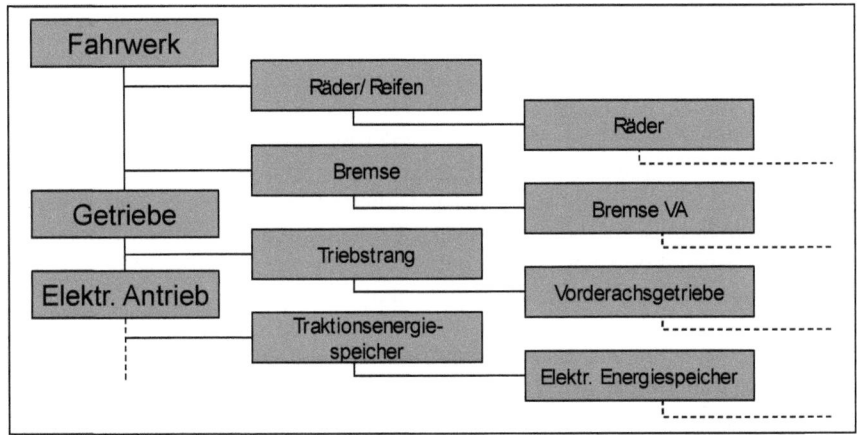

Abbildung 39: Gliederungselemente der PSB am Beispiel Radträger[204]

Struktur nicht für Simulationszwecke ohne Weiteres verwendet werden kann, muss eine Übersetzung der in der PSB beschriebenen Komponenten und Module eines Fahrzeugprojekts in die Simulationswelt erfolgen. Dabei muss zwischen reinen skalaren Größen, wie z. B. Zahlenwerten der Fahrzeugzielwerte, dem Gesamtgewicht oder dem Luftwiderstandsbeiwert sowie der Parametrierung von Simulationsmodellen durch z. B. Kennfelder und komplette Modellkomponenten unterschieden werden. Diese Unterscheidung erfordert eine jeweils unterschiedliche Ablage der Informationen in Datenbanken. Dabei hat es sich als zielführend erwiesen Modelle sowie Parametersätze in einer separaten Datenbank abzulegen, um der Tatsache gerecht zu werden, dass ein Simulationsmodell unterschiedliche Parametersätze, wie auch umgekehrt, dass ein Parametersatz von unterschiedlichen Modelle verwendet werden kann.

5.6 Modellbildung des Antriebsstranges

Um den Simulationsprozess für die Bewertung von Konzepten bspw. mit einem elektrischen Antriebsstrang bereitzustellen, ist es notwendig, dass ein Gesamtfahrzeugmodell, zerlegt in seine Teilmodelle, modelliert wird. Es wird dabei, wenn möglich, erst einmal nicht auf bestehende Modelle zurückgegriffen, da eine Modellbibliothek nach der stringenten Struktur der Produktstrukturbasis aufgebaut wird und das grundlegende Verständnis über die Funktionsweise und die Schnittstellen der Teilkomponenten notwendig ist. Zusätzlich kann bei diesem Vorgehen eine schrittweise Annäherung an die optimale Architektur des

---

[204] Eigene Darstellung

Gesamtsystems erreicht werden, da damit auch eine Anpassung der Simulationskomponenten erlaubt wird.

Der Modellzweck und die daraus ableitbaren Anforderungen an das zu entwickelnde Simulationsmodell für ein Fahrzeug lassen sich durch die Zielsetzung definieren. Ein Gesamtfahrzeugmodell enthält mehrere Teilmodelle oder Komponenten, wie beispielsweise Fahrdynamik, Antriebsstrang, Bremse, Lenkung und Fahrwerk.[205] Sie benötigen unterschiedliche Eingangsgrößen und Parametersätze. Die in dieser Arbeit behandelten Fahrzeugmodelle besitzen Parameter, welche als bekannt oder abschätzbar angenommen werden. Damit handelt es sich bei der Modellierung der Komponenten um White-Box und Light-Gray-Box Modelle.[206]

Da die Modellierung eines Gesamtfahrzeugs als komplexes System angesehen werden kann, ist es wichtig, den Modellierungsaufwand zu reduzieren, indem geeignete Vereinfachungen gemacht werden. So muss beispielsweise ein Gesamtfahrzeugmodell zur Bewertung von Antriebskonzepten hinsichtlich Fahrleistungen und Verbrauch in der Lage sein, dynamische Abläufe last-, zeit- und temperaturabhängig wiederzugeben. Zusätzlich werden vorgegebene Gas- und Bremspedalstellungen sowie Randbedingungen (bspw. Umgebungstemperaturen oder Fahrbahnneigungen) benötigt.

Da in dieser Arbeit ausschließlich Elektrofahrzeuge untersucht werden, wird für die Modellbildung auch nur der elektrische Antriebsstrang betrachtet. Die weiteren Komponenten eines Fahrzeugs können von konventionellen Konzepten übernommen werden, falls dieselben Modellierungseigenschaften verwendet werden.

Als Teil vom elektrischen Antriebsstrang werden in dieser Arbeit folgende Komponenten gezählt: Elektromotor, Batterie, Leistungselektronik und Getriebe. Weitere Komponenten, welche modelliert, aber nicht im Fokus der Arbeit stehen und damit nicht im Detail dargestellt werden, sind: Räder, Reifen und die Bremsanlage. Zudem ist sowohl ein Fahrermodell abgebildet, welches die Funktionen Gas geben und Bremsen beherrscht als auch die Umgebung, in der sich das virtuelle Fahrzeug bewegt. Um zustandsabhängige Fahrmanöver durchzuführen ist eine Steuerung notwendig, die einem Zustandsautomaten entspricht. Wie weiter oben erwähnt, sind die Simulationsmodelle in dieser Arbeit Mittel zum Zweck, um den Simulationsprozess darzustellen und die notwendige Architektur sowie die unterschiedlichsten Steuer- und Regelungsfunktionen abbilden zu können. Daher werden im Folgenden die Komponenten des elektrischen Antriebsstranges erläutert.

---

[205] Vgl. Isermann (2006), S. 32

[206] Für eine Begriffsdefinition von White-Box bzw. Light-Gray Modelle sei auf Seite 47 verwiesen.

Motormodell

Das Motormodell ist ein kennlinienbasiertes Simulationsmodell. In diesem Modell wird die Volllastkennlinie des Drehmoments in Abhängigkeit von der Drehzahl verwendet. Da die Elektromotoren in Abhängigkeit von der anliegenden Spannung unterschiedliche Verläufe dieser Kennlinien aufweisen, wirkt sich dieses Verhalten auf die Fahrdynamik des Fahrzeugs aus und muss damit Teil der Modellbildung sein. Um Energieeffizienzaussagen treffen zu können, müssen Wirkungsgradkennfelder des Elektromotors abgebildet werden. In den verwendeten Motormodellen werden diese dreidimensionalen, spannungsabhängigen Kennfelder als Matrix hinterlegt. Damit kann zu jedem Zeitpunkt durch Angabe der Drehzahl, des Motormoments und der Spannungslage ein Wirkungsgradwert ermittelt werden (vgl. Abbildung 40).

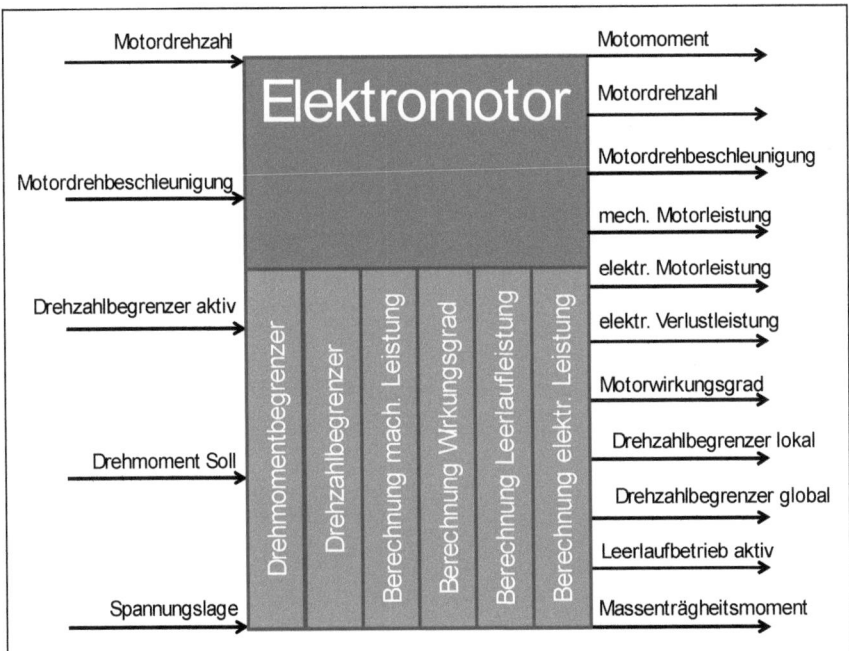

Abbildung 40: Motormodell mit seinen Ein- und Ausgängen sowie Subsystemen[207]

---

[207] Eigene Darstellung

Batteriemodell

Das Batteriemodell ist abstrakt in Abbildung 41 dargestellt und lässt sich in zwei Subsysteme unterteilen: dem elektrischen und thermischen Modell. Das elektrische Modell besteht aus drei R/C-Schwingkreisen[208], welche parallel geschaltet werden. Diese Schwingkreise spiegeln das dynamische Verhalten der Batterie wider. So wird beispielsweise beim Anlegen einer Last ein Spannungseinbruch mit anschließender Erholung in realen Batterien beobachtet. Der Schwingkreis sorgt dafür, dass sich dieses Verhalten auch beim Batteriemodell detektieren lässt. Das thermische Modell gibt in Abhängigkeit von möglichen Kühlverfahren (passive Kühlung, aktive Luftkühlung, Wasserkühlung etc.) und den in der Batterie auftretenden Wärmeströmen eine Batterietemperatur aus. Die Abbildung der Temperaturabhängigkeit ist ein notwendiges Subsystem, da die Leistungsfähigkeit sowie die möglichen Spannungslagen maßgeblich von der Temperatur bestimmt werden.

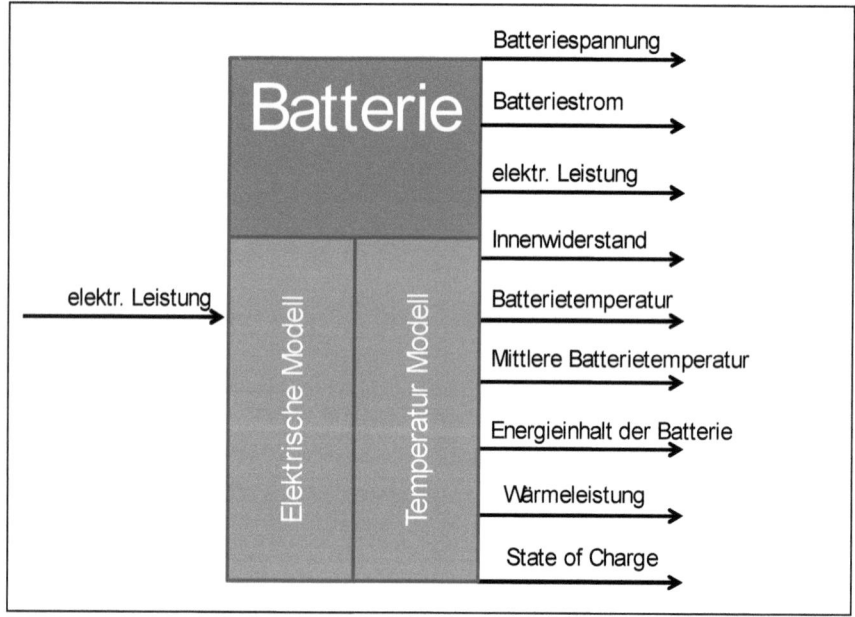

Abbildung 41: Batteriemodell mit ihren Ein- und Ausgängen sowie Subsystemen[209]

---

[208] Die Bezeichnung „R" steht dabei für Widerstand und „C" für Kondensator
[209] Eigene Darstellung

Modell der Leistungselektronik

Die Abbildung des dynamischen Verhaltens ist für viele zu untersuchende Manöver sicherlich wünschenswert. Jedoch ist die Modellierung von derartigen Fahrzeugkomponenten sehr aufwendig und zeitintensiv. In dieser Arbeit ist die Abbildung der Leistungselektronik daher auf Wirkungsgradkennfelder beschränkt. Diese Kennfelder geben in Abhängigkeit von Drehmoment und Drehzahl den Wirkungsgradwert an der Leistungselektronik aus (vgl. Abbildung 42). Damit lassen sich zum einen die Verlustleistung an der Leistungselektronik und zum anderen die Verringerung der zur Verfügung stehenden elektrischen Leistung an dem Elektromotor berechnen.

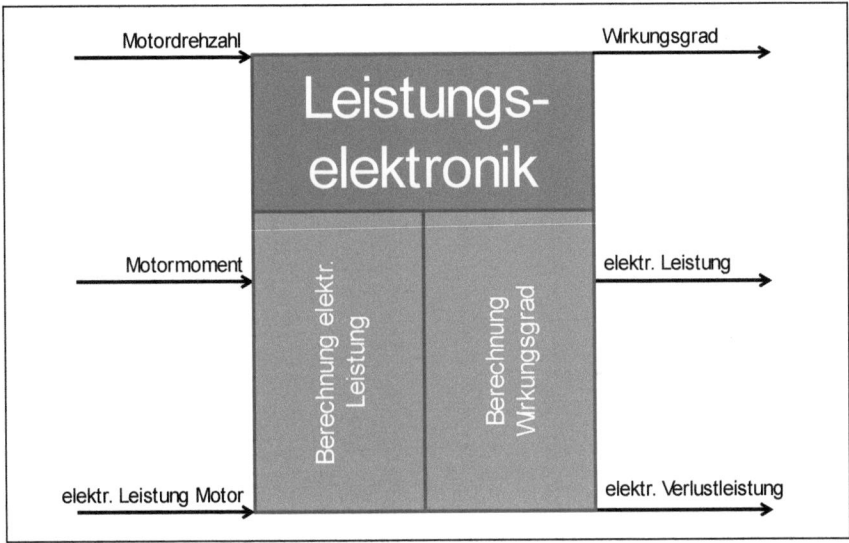

Abbildung 42: Leistungselektronikmodell mit ihren Ein- und Ausgängen sowie Subsystemen[210]

---

[210] Eigene Darstellung

Getriebemodell

Das Getriebe ist ein Drehzahl-Drehmoment-Wandler und sorgt entsprechend der Übersetzung für ein ausreichendes Radmoment. Obwohl die bis dato in Serie produzierten, reinen Elektrofahrzeuge bis jetzt nur mit einem Getriebe mit festem Gang ausgestattet sind, werden in dieser Arbeit auch Mehrganggetriebe betrachtet. Sowohl für das Eingang- als auch für das Mehrganggetriebe ist zur Bewertung der Antriebsstrangeffizienz ein Wirkungsgradkennfeld hinterlegt. Die unterschiedlichen Eingangs- und Ausgangssignale des Getriebemodells sind in Abbildung 43 dargestellt.

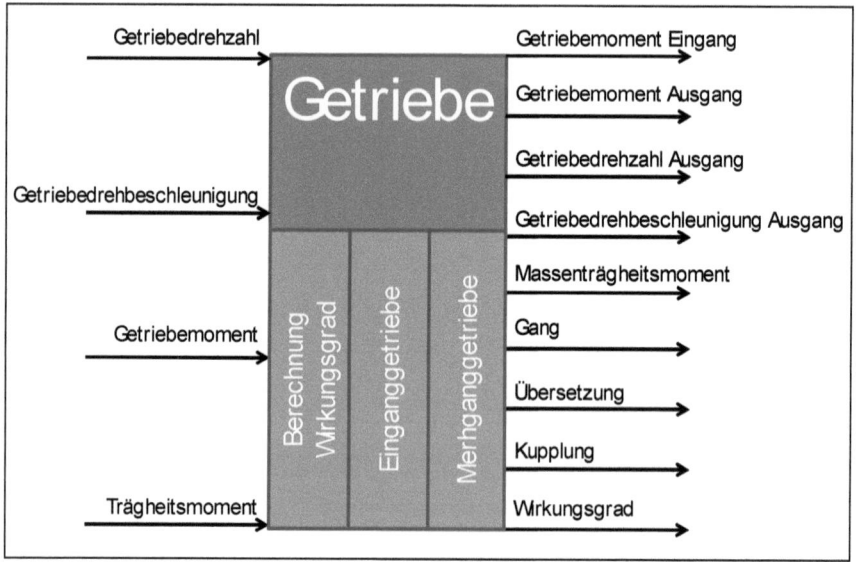

Abbildung 43: Getriebemodell mit seinen Ein- und Ausgängen sowie Subsystemen[211]

---

[211] Eigene Darstellung

5.7 Modellbildung des Fahrers und der Umgebung

Die Umgebung ist charakterisiert durch ihre Randbedingungen, wie beispielsweise die Umgebungstemperatur, die Reibwerte der Fahrbahnoberfläche oder die Straßenneigung. Diese Randbedingungen haben Einfluss auf die zu untersuchenden Anforderungen. Die Steuerung und Regelung des virtuellen Fahrzeugs durch Gas- und Bremseingriffe übernimmt ein Fahrermodell. Dieser Fahrer besteht aus einem Reglermodell. Er vergleicht die vorgegebene Soll-Geschwindigkeit mit seiner Ist-Geschwindigkeit und versucht auf Abweichungen zu reagieren. Das Gesamtfahrzeugmodell arbeitet somit nach dem Prinzip einer Vorwärtssimulation. Die „Reaktionszeit" des Fahrers ist von der Parametrierung dieses PID-Reglers[212] abhängig. Damit lässt sich anforderungsspezifisch der Fahrer an das Manöver anpassen. Der Fahrer ist in Abbildung 44 dargestellt.

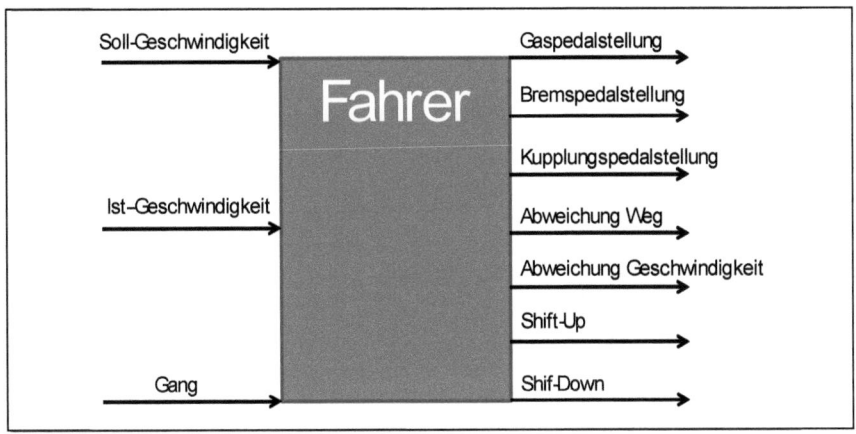

Abbildung 44: Fahrermodell mit seinen Ein- und Ausgängen[213]

5.8 Gesamtfahrzeugmodell

Das in Matlab und Matlab/Simulink umgesetzte Gesamtfahrzeugmodell ist in seiner obersten Ebene in Abbildung 45 dargestellt. Auf der linken Seite ist die hierarchische Struktur des Modells sichtbar. Diese entspricht der exakten Abstufung wie in der Produktstrukturbasis vorgegeben. Zu sehen ist außerdem, dass der Informationsfluss in einem Bus zusammengeführt wird. In diesem Bus sind die einzelnen Signale in denselben Ebenen wie in der Modellstruktur abgelegt.

---

[212] PID steht für Proportional–Integral–Differential
[213] Eigene Darstellung

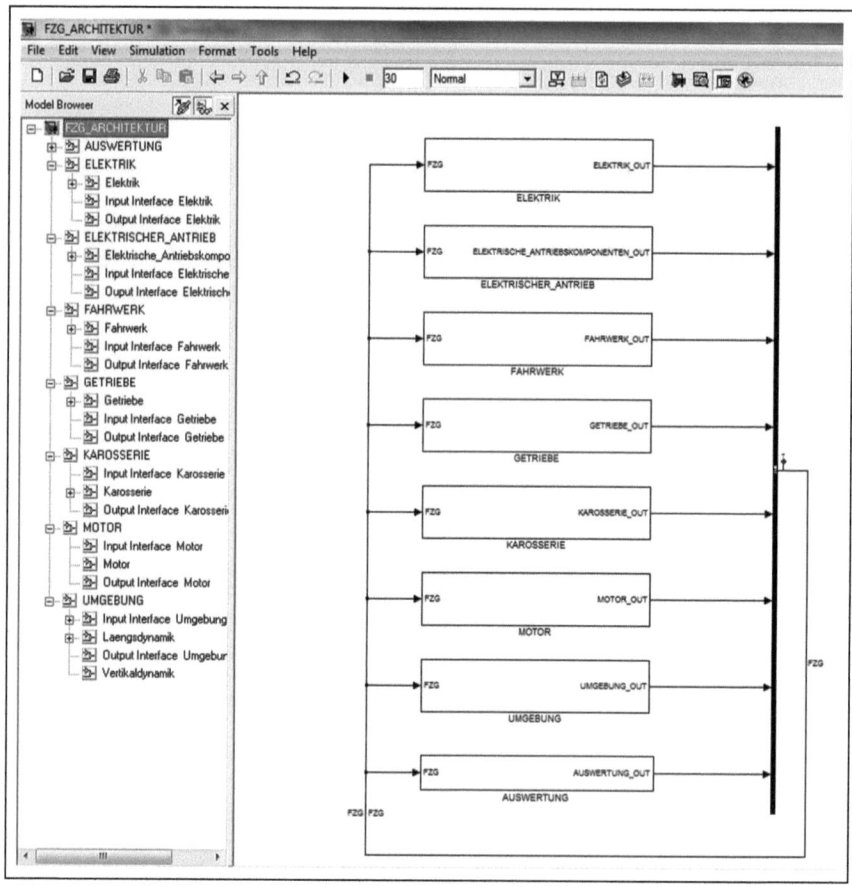

Abbildung 45: Gesamtfahrzeugmodell auf der obersten Ebene[214]

5.9 Validierung der Modelle

Durch den Einsatz der Modelle in der Frühen Phase ist es schwierig, jede Komponente zu validieren, da oftmals die realen Pendants nicht vorliegen. Das Batteriemodell konnte hingegen anhand von Messungen an einem Prototyp eines öffentlichen Förderprojekts validiert werden. Dafür ist das Spannungsverhalten der Batterie in Abhängigkeit von einem realen Fahrprofil aufgenommen worden. Dieses Profil dient als Eingangssignal für die Simulation. Das dynamische Ver-

---

[214] Eigene Darstellung

halten konnte qualitativ und quantitativ mit Hilfe der drei R/C-Glieder im Schwingkreis wiedergegeben werden. Ein Ausschnitt des Verlaufs ist in Abbildung 46 dargestellt. Durch Variation der Parameter der R/C-Glieder ist ein schrittweises Optimieren des dynamischen Verhaltens des Batteriemodells möglich. Da in dieser Arbeit der Fokus auf dem Simulationsprozess und der Beherrschung des automatisierten Simulationsablaufs liegt, wird auf die Vorstellung weiterer Validierungsschritte der übrigen Modelle verzichtet.

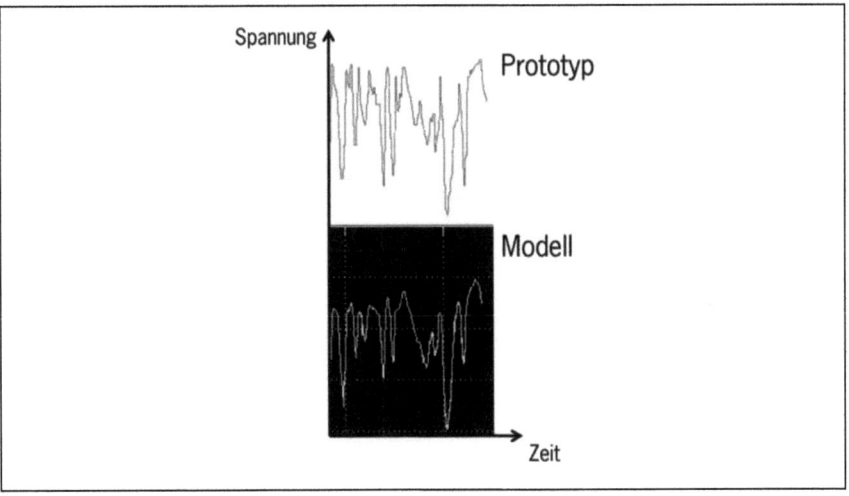

Abbildung 46: Vergleich des Spannungsverlaufs der Batterie zwischen Simulation und Messungen am Prototyp[215]

5.10 Modell- und Parameterverwaltung

In diesem Simulationsprozess werden die Simulationsmodelle und die dazugehörigen Parametersätze in zwei unterschiedlichen Bibliotheken verwaltet. Beide Bibliotheken weisen die Struktur, inklusive ihrer Hierarchie, der Produktstrukturbasis auf. Damit ist ein Abbild dieser Struktur nicht nur im Simulationsmodell, sondern auch in der Verwaltung der Teilsysteme vorhanden. Dieser Ansatz reduziert die Komplexität der Modell- und Parameterzuordnung und ist die Grundlage des umgesetzten automatisierten Gesamtfahrzeugmodellaufbaus. Ein weiterer Hintergrund der getrennten Ablage ist die Möglichkeit, dass Simulationsmodelle für unterschiedliche Parametersätze wiederverwendet werden und damit andere Typen von Komponenten darstellen können. So kann beispielswei-

---

[215] Eigene Darstellung

se ein kennfeldbasiertes Batteriemodell, welches die Klemmenspannung über dem State of Charge (SoC) als einfaches Diagramm enthält, sowohl für Lithium-Ionen Zellen, als auch für Nickel-Metall-Hydrid-Zellen verwendet werden, wenn die entsprechenden Daten vorhanden sind. Dasselbe gilt für die restlichen Simulationsmodelle und zugehörigen Parametersätze, so lange sie nicht durch unterschiedliche Detaillierungsgrade in der Modellierung unterschiedliche Funktionen hervorrufen. In Abbildun 47 sind die beiden getrennten Ablagen schematisch dargestellt. Auf Grund der Übersichtlichkeit wird auf die Abbildung der Produktstrukturbasis innerhalb der Bibliotheken zur hierarchischen Einordnung der Elemente in dieser Darstellung verzichtet.

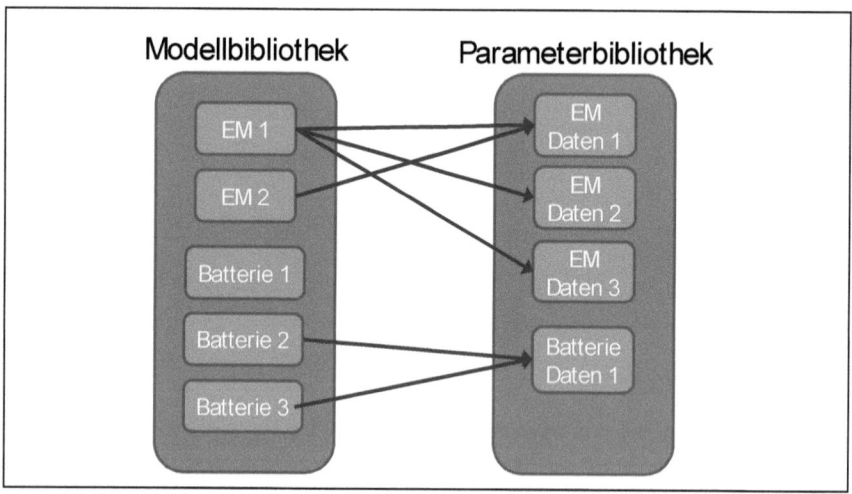

Abbildung 47: Schematische Darstellung der getrennten Bibliotheken[216]

5.11 Automatisierte Modellintegration

Eine automatisierte Integration von Simulationsmodellen ist nur möglich, falls ein einheitliches und durchgängiges Datenmanagement sowie die Standardisierung des Simulationsablaufs vorhanden sind. Die Simulationsmodelle werden hinsichtlich ihrer Modellierung oftmals für konkrete Problemstellungen konzipiert. Das bedeutet bei Projekten mit häufigen Änderungen eine Ansammlung an unterschiedlichen Modellen und eine zeitintensive Integration in die neuen Simulationsaufgaben. Demnach ist es zielführend, diesen Prozess der Modellintegration zu automatisieren. Das Ziel in dieser Arbeit besteht darin, den Nutzer bei

---

[216] Eigene Darstellung

5.11 Automatisierte Modellintegration

zeitintensiven Routineaufgaben, wie beispielsweise dem Parametrieren und Integrieren von Simulationsmodellen in das Gesamtsystem, zu unterstützen, um die so gewonnene Zeit zum Beispiel für die Suche von Konzeptalternativen zu verwenden. Es hat sich gezeigt, dass durch den Einsatz dieser automatisierten Modellintegration die notwendige Zeit für den Aufbau von Gesamtfahrzeugmodellen verkürzt, die Bewertung der Konzeptvarianten beschleunigt und die Absicherung und Nachvollziehbarkeit von Bewertungsergebnissen verbessert wird. Außerdem wird das Expertenwissen für eine breite Anwendung transparent in den Modellen hinterlegt. Diese automatisierte Modellintegration wird durch standardisierte Schnittstellen der einzelnen Simulationskomponenten realisiert. Dazu werden die Modelle zwischen sogenannte Input- und Output-Blöcke gebettet. Der Input-Block ist dafür zuständig, dass nur ausgewählte Signale aus dem gesamten Bus an das Modell weitergegeben werden. Genau in umgekehrter Reihenfolge sorgt der Output-Block dafür, dass die aus dem Modell berechneten Daten zusammengefasst, beschriftet und an das Gesamtsystem übergeben werden. Mit diesen Blöcken als Nahtstellen ist eine automatisierte Modellmanipulation umgesetzt, indem ein altes Modell gegen ein neues Modell ausgetauscht wird, sofern eine Anforderung diese Anpassung auslöst. Um diese Art der Automatisierung zu realisieren, bestehen die Komponenten jeweils aus einer Modelldatei und einer Parameterdatei, welche in den Bibliotheken respektive abgelegt sind. In der Modelldatei sind neben dem eigentlichen Simulationsmodell auch die für die Funktionsfähigkeit notwendige Eingangs- und Ausgangssignale hinterlegt. Eine .xml-Datei übernimmt die Zuordnung zwischen Simulationsmodell und zugehörigen Signalen. Die Parameterdatei enthält die entsprechenden Parameter und die Zuweisung des korrespondierenden Simulationsmodells sowie zusätzliche Metadaten über deren Detaillierungsgrad (für die Beschreibung der Detaillierungsgrade wird auf Kapitel 5.13 verwiesen). Abbildung 48 stellt die Inhalte einer Komponente exemplarisch dar. In einer weiteren .xml-Datei sind für jede Anforderung die dafür notwendigen Komponenten und deren Detaillierungsgrade beschrieben. Mit Hilfe dieser Informationen kann ein anforderungsabhängiger Zugriff auf die Dateien und damit der automatisierte Austausch von Komponenten sichergestellt werden. Da die Anforderungen nicht in der .xml-Datei direkt beschrieben werden, wird hier eine Zuordnung zu einer .m-Datei erstellt. In dieser .m-Datei sind die entsprechenden Fahrmanöver zu .mat-Dateien verwiesen. Auswertefunktionen können ebenso in dieser Datei aufgerufen werden wie Veränderungen der Solver- oder Speichereinstellungen. In den .mat-Dateien sind bspw. Geschwindigkeitsprofil des NEFZ oder Artemis 150 abgespeichert (siehe Anhang auf Seite 161). Eine abstrakte Darstellung dieser Dateien ist in Abbildung 49 gezeigt.

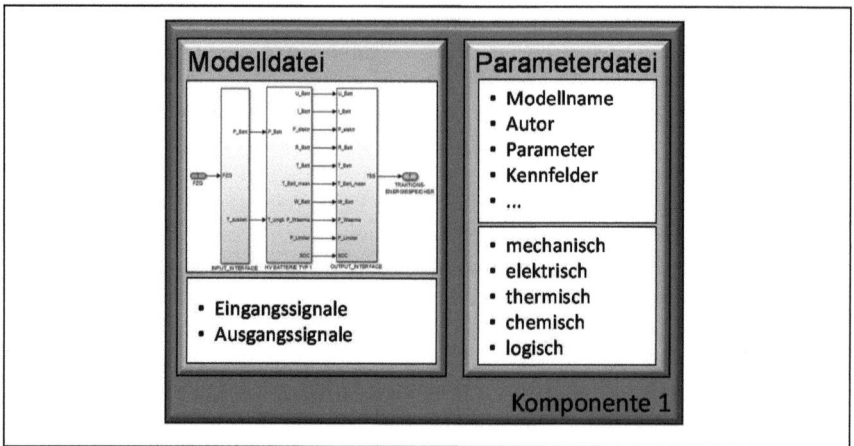

Abbildung 48: Inhalte einer Komponente[217]

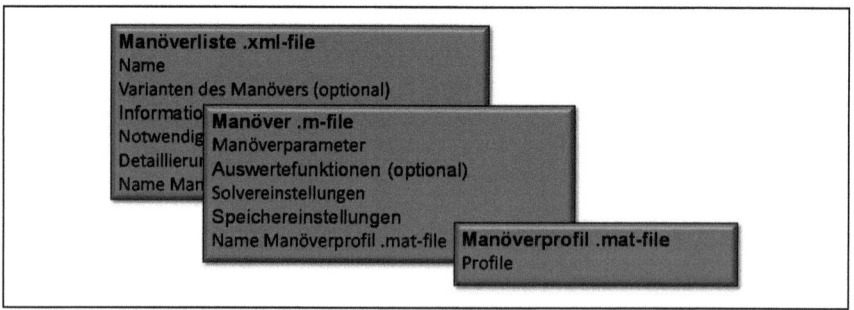

Abbildung 49: Die Dateien einer Anforderung[218]

5.12 Der Start des Programms ONT – die erste Bedienoberfläche

Nach dem Start des Programms wird der Nutzer mit einer Bedienoberfläche konfrontiert, welche drei Auswahlmöglichkeiten bietet und in Abbildung 50 dargestellt ist. Die trivialste und selbsterklärende Auswahl ist das Beenden des Programms. Die zweite Möglichkeit ist das Aufrufen der Bedienoberfläche der Ergebnisdarstellung. Diese Funktion ermöglicht dem Nutzer direkt in das Post-Processing, also das Aufbereiten von vorhandenen oder älteren, abgespeicherten

---

[217] Krausz, Zimmer (2014)
[218] Krausz, Zimmer (2014)

Daten einzusteigen, ohne eine Simulation ausführen zu müssen. Das bedeutet, dass man bei Aktivierung der Auswahl direkt in die dritte Bedienoberfläche des Programms springt. Die letzte Möglichkeit, die dem Benutzer zur Verfügung steht, ist der Start des Prozesses. Wählt man diesen Fall, wird man auf die zweite Bedienoberfläche und damit zum Start der Konfiguration und des eigentlichen Simulationsprozesses geleitet. In der Fußzeile befinden sich unterschiedliche statische Informationen, wie zum Beispiel die Autoren des Programms, die Version und die Abteilungszugehörigkeit. Diese Informationen sind notwendig, um die Wartbarkeit bei einer möglichen, übergreifenden Bereitstellung der Bedienoberflächen sicherzustellen.

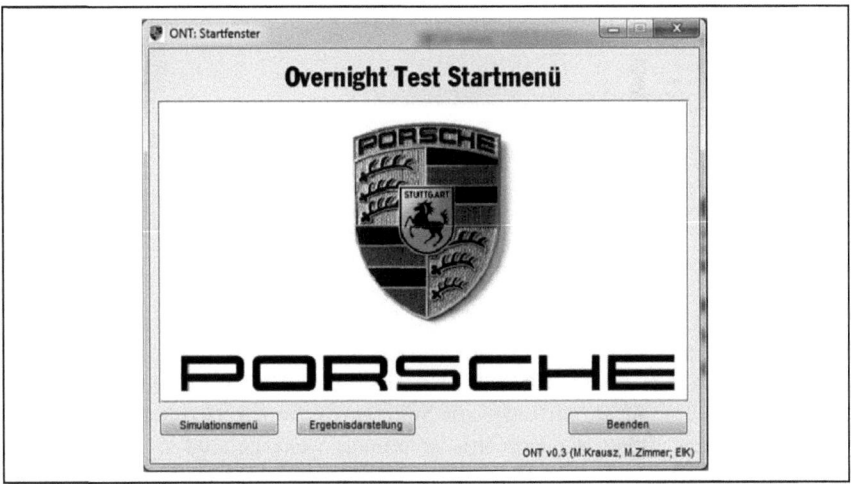

Abbildung 50: : Erste Bedienoberfläche[219]

5.13 Von der Struktur zum Simulationsmodell – die zweite Bedienoberfläche

Da die Umsetzung der Methode mit Hilfe der Software Matlab/Simulink von Mathworks erfolgt und die Produktstrukturbasis in Excel von Microsoft angelegt wird, besteht zum automatisierten Auslesen der PSB kein Schnittstellenproblem, da die einseitige Kommunikation zwischen Matlab und Excel standardmäßig in Matlab enthalten ist.

---

[219] Eigene Darstellung

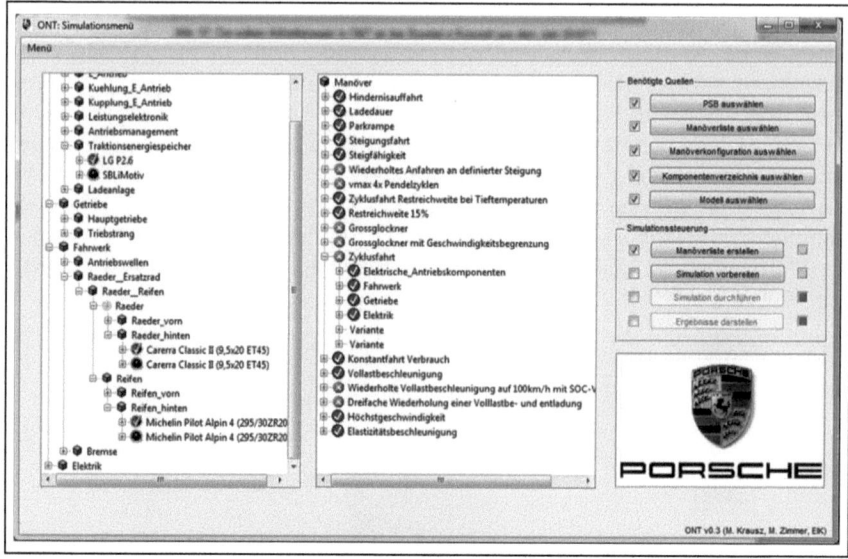

Abbildung 51: Die zweite Bedienoberfläche[220]

Die zweite Bedienoberfläche ist die eigentliche Steuerung des Prozesses und die Startoberfläche von Konzeptberechnungen (siehe Abbildung 51). Links oben im Fenster ist ein kleiner Menübutton, welcher als Drop-Down Funktion die Möglichkeit anbietet, entweder zur Startoberfläche zurückzukehren (Bedienoberfläche eins), direkt zur Ergebnisdarstellung weitergeleitet zu werden (Bedienoberfläche drei) oder das Programm zu beenden. Diese trivialen Funktionen müssen vorhanden sein, um eine reine Bedienung über die Oberflächen zuzulassen. Auf der rechten oberen Seite sind die Eingabemöglichkeiten als Buttons hinterlegt, um die jeweiligen Quellen der einzelnen Konfigurationen auszuwählen. Dieses Feld ist mit „Benötigte Quellen" gekennzeichnet. Bei Betätigung der jeweiligen Taste wird ein Fenster geöffnet, mit Hilfe dessen man das Quellverzeichnis sucht oder direkt eingibt. Unterhalb dieses Feldes befindet sich der Bereich „Simulationssteuerung". Hier wird anhand von grünen bzw. roten Ampeln sowie leeren bzw. abgehackten Kästchen durch die Simulationsvorbereitung bis hin zum Start der Simulation geführt. Dabei kennzeichnet eine grüne Ampel, dass der nächste Schritt zur Simulationssteuerung freigeschaltet worden ist. Ein Haken bestätigt das erfolgreiche Ausführen der Aktion. Zusätzlich zur Einhaltung der Reihenfolge werden die jeweiligen Buttons nur nach bestandener zuvor ausgeführter Aktionen freigeschaltet. Dieses Vorgehen stellt sicher, dass die

---

[220] Eigene Darstellung

5.13 Von der Struktur zum Simulationsmodell – die zweite Bedienoberfläche

stringente Reihenfolge zur Bedatung/Parametrierung sowie zum automatisierten Modellaufbau und zur Simulationsvorbereitung eingehalten wird und gibt sofort Rückmeldung, falls ein Schritt nicht ausgeführt worden ist. Betätigt man nun den ersten Button „PSB auswählen", hat der Nutzer die Möglichkeit, unterschiedliche zuvor angelegte PSB-Konfigurationen auszuwählen.

In jeder PSB ist eine Fahrzeugkonfiguration in seinen Komponenten textuell beschrieben und sollte für unterschiedliche Fahrzeugkonfigurationen jeweils neu angelegt werden. Wird nun ein Fahrzeugprojekt, das in einer Produktstrukturbasis angelegt ist geladen, werden die Inhalte ausgelesen und in einer für Matlab lesbaren und vor allem weiter bearbeitbaren Struktur gespeichert. Eine Bestätigung der Auswahl startet das Auslesen der relevanten Zeilen und das Abspeichern der gefundenen Inhalte in einer Liste. Eine .xml-Datei sorgt für die Zuordnung zwischen der Schnittstelle PSB Inhalte und Simulationsdaten. So muss beispielsweise die Bezeichnung eines Reifens zu einer passenden m-Datei in der Datenbank zugewiesen werden können. In dieser m-Datei ist dann der Detaillierungsgrad und das passende Simulationsmodell zu diesem Parametersatz hinterlegt. Dies geschieht auf folgendem Weg:

Um dem Nutzer eine komfortable Bedienung zu ermöglichen, werden die statischen Parameter, die für eine Simulation notwendig sind, wie zum Beispiel Naturkonstanten oder Regelgrößen des Fahrermodells, standardmäßig für jedes Fahrzeugprojekt geladen. Diese Informationen sind kein Bestandteil der PSB, müssen aber eindeutig definiert sein. Als nächster Schritt werden die Zielwerte des Fahrzeugs in eine Konfigurationsdatei des Simulationsmodells übergeben. Diese Zielwerte sind die Größen, welche in der nullten Ebene der PSB stehen, also geometrische Kenngrößen (wie Länge, Radstand etc.) als auch das Gesamtgewicht sowie aerodynamische, skalare Werte. Für das weitere Auslesen der PSB ist eine Datenbank notwendig, welche die darin gefundenen textuellen Beschreibungen der Fahrzeugkomponenten mit einer Datenbank abgleicht, die die Simulationsmodelle und die zugehörigen Parametersätze enthält. Da gleiche Komponenten mit unterschiedlicher Granularität, je nach Projektstand, in der Datenbank abgelegt werden und zusätzlich nicht jede Anforderung an die Simulationskonfiguration die tiefste Detaillierungsstufe erfordert, hat sich gezeigt, dass die Einführung einer statischen Überprüfung zwischen den Anforderungen eines zu simulierenden Manövers an die Simulationskomponenten und einer vorhanden Detaillierungsstufe dieser Komponenten entscheidende Vorteile im Hinblick auf die Automatisierung des Gesamtprozesses und Bedienfreundlichkeit hat. Diese eingebetteten Attribute der Simulationskomponenten reduzieren außerdem die Laufzeit durch die automatische Auswahl bestmöglicher Konfigurationen. Die Detaillierungsstufen lassen sich dabei in folgende Kategorien unterteilen:

- Mechanik
- Elektrik
- Thermodynamik
- Chemie
- Logik

Jede Kategorie besitzt eine Punkteskalierung von 0 bis 10, wobei die Stufe 0 das Nichtvorhandensein der Komponente und Stufe 10 das reale Bauteil beschreibt. Um die Stufen zwischen den Extremwerten zu definieren, muss man sie unter den Gesichtspunkten der Kategorien untersuchen. Außerdem hat jede Baugruppe eine unterschiedliche Definition ihrer Detaillierungsgrade. So haben die Stufen der Kategorie Mechanik für die Baugruppe Antrieb folgende Beschreibung:

1: einfache Moment- über Drehzahl-Kennlinie

2: einfache Moment- über Drehzahl-Kennlinie inkl. Generatorbetrieb

3: mehrere Moment- über Drehzahl-Kennlinien bei unterschiedlichen Spannungslagen

4: einfache Wirkungsgradkennfelder

5: Detaillierungsgrad Nr. 3 + Detaillierungsgrad Nr. 4

6: Schleppmoment/Schleppleistungs-Kennlinien

7: vorläufig nicht definiert

8: vorläufig nicht definiert

9: detailliertes Wirkungsgradkennfeld

Stufen für Elektronik, Thermodynamik und Chemie sind ähnlich aufgebaut, jedoch mit anderen Beschreibungen in ihren Detaillierungsgraden (siehe Abbildung 52, welche zu einem frühen Zeitpunkt der Definitionsphase entstanden ist). Die Detaillierungsgrade bei den anderen Baugruppen (Leistungselektronik, Räder, Reifen, Traktionsenergiespeicher, Getriebe, Kupplung, etc.) werden analog dargestellt.

5.13 Von der Struktur zum Simulationsmodell – die zweite Bedienoberfläche

DG	Mechanik	Elektrik	Themodynamik	Chemie	Logik
0	nicht vorhanden	nicht vorhanden	nicht vorhanden	nicht vorhanden	nicht vorhanden
1	einfache Moment- über Drehzahl-Kennlinie	Abbildung Strombedarf	Thermisches Verhalten durch Innenwiderstand	vorläufig nicht definiert	Drehzahlbegrenzer
2	einfache Moment- über Drehzahl-Kennlinie inkl. Generatorbetrieb	Spannungsabhängiger Strombedarf	Thermisches Verhalten durch Verlustleistung	vorläufig nicht definiert	vorläufig nicht definiert
3	mehrere Moment- über Drehzahl-Kennlinien bei unterschiedlichen Spannungslagen	vorläufig nicht definiert	vorläufig nicht definiert	vorläufig nicht definiert	vorläufig nicht definiert
4	einfache Wirkungsgradkennfelder	vorläufig nicht definiert	vorläufig nicht definiert	vorläufig nicht definiert	vorläufig nicht definiert
5	DG Nr. 3 + DG Nr. 4	vorläufig nicht definiert	vorläufig nicht definiert	vorläufig nicht definiert	vorläufig nicht definiert
6	Schleppmomente/ Schleppleistungs-Kennlinien	Abbildung Phasenströme	vorläufig nicht definiert	vorläufig nicht definiert	vorläufig nicht definiert
7	vorläufig nicht definiert	Abbildung Rotor-/ Statorströme	vorläufig nicht definiert	vorläufig nicht definiert	vorläufig nicht definiert
8	vorläufig nicht definiert	Abbildung der magnetischen Abhängigkeiten	vorläufig nicht definiert	vorläufig nicht definiert	vorläufig nicht definiert
9	detailliertes Wirkungsgradkennfeld	vorläufig nicht definiert	Thermisches Verhalten des Rotors und Stators	vorläufig nicht definiert	Steuerung abhängig von Motortemperatur
10	vorläufig nicht definiert	vorläufig nicht definiert	vorläufig nicht definiert	vorläufig nicht definiert	vorläufig nicht definiert

Abbildung 52: Detaillierungsgrade am Beispiel Antrieb zu einem bestimmten Zeitpunkt[221]

Die Kategorie Logik ist notwendig, da es Regelungskomponenten, wie z. B. Steuergeräte für das Antriebsmanagement, die ABS und ASR Steuerung, sowie die Steuerung und Regelung der Betriebsstrategien gibt, die keine physikalische Zuordnung ihrer Eigenschaften zulassen. Eine optische Rückmeldung, ob eine gefundene Komponente in der Datenbank mit der geforderten Detaillierungsstufe des Manövers bzw. der Anforderung übereinstimmt, zeigt sich durch farbige Grafiken an den möglichen Anforderungen. So wird ein Manöver mit einem grünen Icon markiert, wenn eine Übereinstimmung zwischen den Detaillierungsgraden der Simulationskomponenten und dem Manöver besteht. Ebenfalls wird das Icon grün markiert, wenn die gefundenen Simulationskomponenten eine detailliertere Modellierungstiefe aufweisen, als vom Manöver gefordert. Ein rotes Icon wird sichtbar, wenn eine detailliertere Simulationskomponente vom Manöver gefordert wird, als es in der Datenbank vorliegt. Da die Struktur dem hierarchischen Aufbau der PSB entspricht, lassen sich die nicht übereinstimmenden Komponenten mit ihren Ist- und Soll-Detaillierungsgraden ausweisen und auffinden. Somit erhält man durch eine optische Rückmeldung die Information, wenn eine Anforderung nicht freigeschaltet wird und an welcher Stelle Handlungsbedarf besteht. Als nächstes hat man die Möglichkeit, eine Manöverliste auszuwählen. Eine Manöverliste besteht projektabhängig aus unterschiedlichen

---

[221] Eigene Darstellung

Manövern bzw. Anforderungen, die man an das Fahrzeugkonzept stellt. So ist zum Beispiel das Abfahren des Profils vom Neuen Europäischen Fahrzyklus (oder kurz NEFZ) ein Manöver, mit dessen Hilfe man den Verbrauch zu Vergleichszwecken ermitteln kann. Eine weitere Anforderung ist beispielsweise eine Volllastbeschleunigung von 0 auf 100 km/h, sowie die Höchstgeschwindigkeit und Elastizitäten in bestimmten Geschwindigkeitsbereichen. Diese Anforderungen können die Fahrdynamik in Längsrichtung eines Konzeptes beschreiben. Weitere Manöver sind unter anderem die Grenzbetriebsbedingungen, die man an unterschiedliche Bauteile oder Bauteilgruppen stellen kann. Da unterschiedliche Fragestellungen und Anforderungen an unterschiedliche Fahrzeugkonzepte gestellt werden, ist es sinnvoll, diese Manöverlisten projektspezifisch zu generieren. So hat man bei der späteren Auswahl der eigentlichen Fahrmanöver nicht den Aufwand, jedes Manöver einzeln herauszusuchen und die anderen zu deselektieren oder anzupassen. Außerdem werden an verschiedene Antriebstechnologien diverse und meist nicht identische Anforderungen gestellt. So ist zum Beispiel eine Bordsteinüberfahrt aus dem Stand heraus für ein Elektrofahrzeug bzw. ein elektrisch anfahrendes Fahrzeug auf Grund des Nichtvorhandenseins einer Kupplung (und damit Moment bei Geschwindigkeit 0 km/h aufzubauen) ein wesentliches Kriterium das erfüllt werden muss, während bei einem konventionell angetriebenen Fahrzeug eine Prüfung unter Normalbedingungen nicht notwendig ist. Als nächste Auswahlmöglichkeit kann der Nutzer die Manöverkonfiguration auswählen. Dieser Zwischenschritt erlaubt es, Manöver freizuschalten, welche laut ihren Detaillierungsgraden jedoch nicht dafür vorgesehen sind. Diese Möglichkeit soll bei der Fragestellung unterstützen, wenn man beispielsweise Lastkollektive von Komponenten erzeugen möchte, welche aber entweder nicht in der Simulation vorhanden sind, oder deren Detaillierungsgrade für eine Funktionsaussage zu gering sind. In der Manöverkonfigurationsdatei sind die einzelnen Manöver mit zusätzlichen Metadaten versehen und die einzelnen zugehörigen Komponenten nach der PSB-Strukturierung aufgeführt. Die Aktivierung des Feldes „Komponentenverzeichnis auswählen" ist ein Vorhalt zur Auswahl der Datenbank, in der sich die Simulationskomponenten und deren Parametrierung befinden. Es wäre nämlich durchaus denkbar bei einer fachbereichsübergreifenden Anwendung des Prozesses, eine dezentrale Datenbank für Standardkomponenten und eine spezifische Datenbank für eigene Modelle anzulegen. Im aktuellen Betriebszustand wird dieses Feld nicht geändert, sondern die Standardeinstellung übernommen, da der Prozess auf eine lokal angelegte Datenbank zurückgreift. Der letzte Button in dem oberen Auswahlfeld „Quellen auswählen" ist mit der Beschriftung „Modell auswählen" gekennzeichnet. Hierbei ist ein weiterer Vorhalt bereitgestellt, falls bei zukünftigen Fahrzeugkonzepten eine weitere Modellarchitektur, sprich ein weiteres Gesamtfahrzeugmodell, benötigt wird. Dieses würde sich dann gegebenenfalls mit dieser Auswahl heraussuchen und verwenden lassen. Mit Hilfe der oben beschriebenen Auswahlmöglichkeiten der Quellen ist eine individuelle Zusammenstellung der Fahrzeugkonfigurationen mit den zu erprobenden Manövern und Anforderungen gewährleistet. Damit sind alle Eingangsinformationen für die Simulationen bestimmt. Der zweite Teil des zweiten Bedienfensters beinhaltet die Steuerung der Simulation. Um eine Freischaltung des Simulationsstarts zu erhalten, sind entsprechende Simulationsvorbereitungen zu treffen, welche nach einer strikten Reihenfolge ablaufen müssen, damit der durchgängige Informationsfluss gewährleistet ist. Somit müssen die nachfolgenden Schritte nacheinander ausgeführt werden. Hat man den oberen Teil der Quellenauswahl beendet, wird das erste Bedienelement der Simulationssteuerung freigeschaltet: „Manöverliste erstellen". Unter einer Manöverliste ist folgende Bezeichnung zu verstehen: da es beim Auslesen der PSB vorkommt, dass ein Modell in unterschiedlichen Detaillierungsgraden vorliegt, werden beim ersten Durchsuchen der Datenbank alle Komponenten berücksichtigt. Diese Information ist zu diesem Zeitpunkt notwendig. Man kann sich diesen ersten Teilschritt wie folgt vorstellen: die PSB dient als Einkaufliste für eine „virtuelle Beschaffung". Dabei werden alle Simulationsmodelle und Parametersätze, welche dieselben Bezeichnungen wie die in der PSB beschriebenen Komponenten aufweisen in den „Einkaufswagen" gelegt. Damit erhält man im ersten Schritt einen Überfluss an Simulationsmodellen, da man zum Beispiel unterschiedlich detaillierte Reifenmodelle in der Datenbank zu einer Reifenbezeichnung finden kann. Würde man nun versuchen eine Fahrzeugkonfiguration zu erstellen, so wäre diese nicht eindeutig und müsste manuell angepasst werden. Damit befinden sich erst einmal mehr Simulationsmodelle im Einkaufswagen als zunächst benötigt werden. Wird nun der Button „Manöverliste erstellen" gedrückt, findet ein Abgleich zwischen den Detaillierungsgraden aus dem virtuellen Einkaufswagen und den Anforderungen der einzelnen Simulationsmodelle der jeweiligen Manöver statt. Dieser Abgleich bewirkt, dass nur bei einer Übereinstimmung der vom Manöver geforderten und der im Einkaufswagen befindlichen Detaillierungsgrade jeder einzelnen Komponente eine Freischaltung des jeweiligen Manövers erfolgt. Somit ergibt erst die Kombination der Detaillierungsgraden aus den Simulationsmodellen mit denen aus den Manövern bzw. Anforderungen eine eindeutige Simulationskonfiguration. Und zwar für jedes Manöver. Dies hat den positiven Effekt, dass man die einzelnen Berechnungen nicht nur laufzeitoptimiert durchführen kann, sondern auch sofort eine aussagefähige Rückmeldung erhält, sobald ein Manöver nicht freigeschaltet werden kann. Ein Beispiel einer solchen Rückmeldung ist in Abbildung 53 dargestellt und offenbart ein inkompatibles Simulationsmodell von der Komponente Kühlung aufgrund eines nicht ausreichenden Detaillierungsgrades in der Kategorie Elektrik.

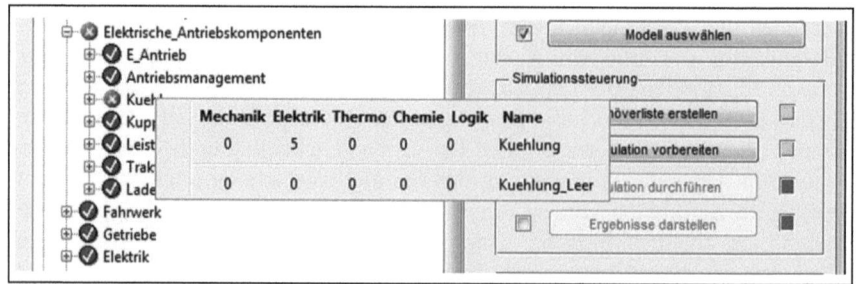

Abbildung 53: Anzeigefunktion zur Darstellung der Ist und Soll Detaillierungsgrade[222]

Damit erhält man eine Übersicht über die vorhandenen Simulationskomponenten und kann gezielt auf bestimmte Modelle eingehen und sie gegebenenfalls optimieren. Der größte Vorteil ist allerdings, dass sich eine Folge von Manövern, also eine komplette Manöverliste, automatisiert abarbeiten lässt. Für jedes Manöver wird das Fahrzeug virtuell zerlegt und neu aufgebaut ohne dass ein manueller Eingriff erfolgen muss. Die Vorstellung, dass man einen Simulationslauf vorbereitet, welche eine Auswahl an bestimmten Manövern enthält oder Anforderungen an ein Fahrzeugkonzept stellt, und man deren Ergebnisse ohne weiteren manuellen Eingriff erhalten kann, wird mit diesem automatisierten Prozess realisiert. In Abbildung 54 und Abbildung 55 sind die eindeutige Konfigurationserstellung und der schematische Ablauf der Simulation dargestellt. Die Teilmenge der Detaillierungsgrade der Manöveranforderungen aus der Menge der Detaillierungsgrade der Simulationskomponenten ergibt die eindeutige Konfiguration. Der Ablauf kann vom Benutzer gesteuert werden. So lassen sich beispielsweise die einzelnen Manöver, welche zwar freigeschaltet sind, aber für bestimmte Fragestellungen nicht simuliert werden sollen, durch Drücken der grünen Markierungen abwählen (siehe Abbildung 56). Außerdem kann man die Varianten für jedes Manöver definieren. Da es nicht zielführend ist, für die unterschiedlichen verbrauchsbestimmenden Zyklen ein separates Manöver in der Manöverliste zu erstellen, kann man dieses nun direkt als Variante hinzufügen. So lässt sich beispielsweise bei dem Manöver „Zyklusfahrt" eine Variante mit dem Zyklusnamen „NEFZ" und eine weitere Variante mit dem Zyklusnamen „Artemis" hinzufügen, wenn man beide Zyklen simulieren möchte. Außerdem sind weitere Parameter festlegbar. So wird bei der „Zyklusfahrt" ebenfalls nach der gewünschten Umgebungstemperatur gefragt. Bei einem anderen Manöver sind dementsprechend andere Varianten einzutragen und die entsprechenden Parameter zu definieren. Damit erhält man eine kompakte Manöverliste mit weiteren Detaillierungsmöglichkeiten einzelner Varianten.

---

[222] Eigene Darstellung

5.13 Von der Struktur zum Simulationsmodell – die zweite Bedienoberfläche

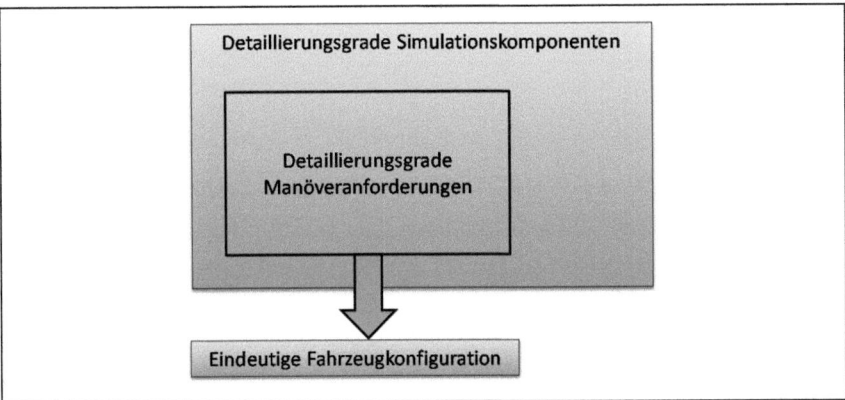

Abbildung 54: Eindeutige Fahrzeugkonfiguration[223]

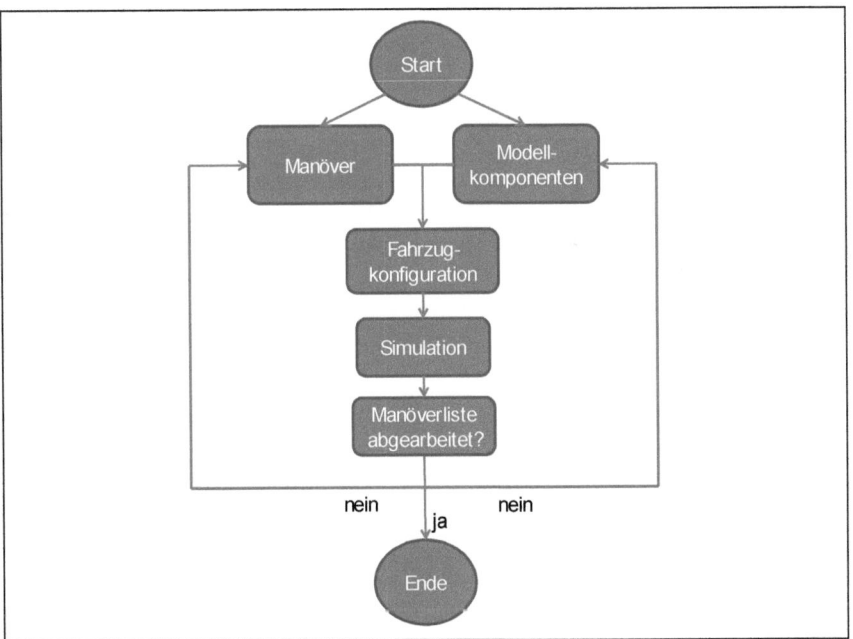

Abbildung 55: Schematische Darstellung des Simulationsablaufs[224]

---

[223] Eigene Darstellung
[224] Eigene Darstellung

108 5 Konzept zur methodischen Unterstützung für einen Entwicklungsprozess

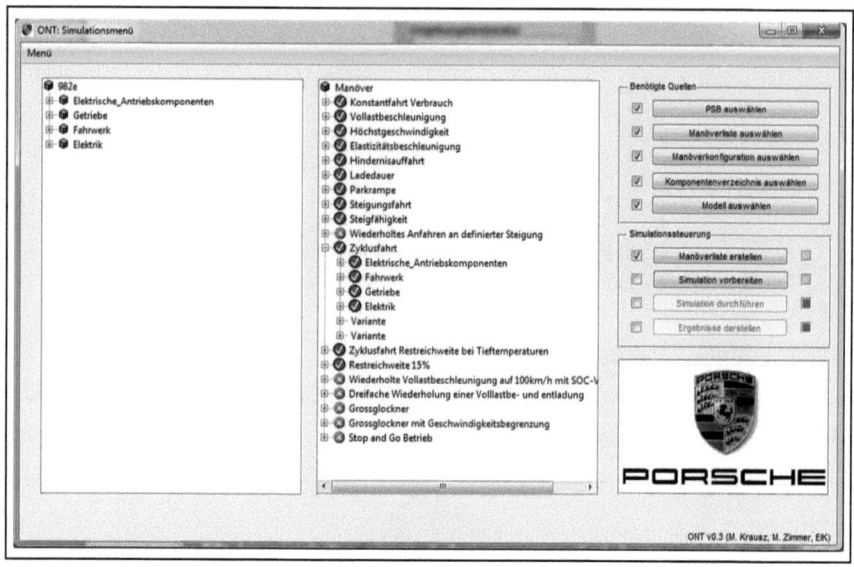

Abbildung 56: Simulationsmenü in ONT und Eingabemaske[225]

So sind letztendlich alle notwendigen Informationen für eine Weiterbearbeitung und einer ausstehenden Simulation abgelegt. Als nächste Auswahl wird der Button „Simulation vorbereiten" freigeschaltet. Hier findet nun die statische Überprüfung statt, ob eine Anforderung simulierbar ist oder nicht. Das Ergebnis wird anhand farbiger Markierungen optisch zurückgemeldet. Durch ein rotes Kreuz (keine Freischaltung) und einen grünen Haken (Manöver simulierbar) wird der Zustand des Manövers dargestellt. Der Abgleich kann etwas Rechenzeit in Anspruch nehmen, da im Hintergrund jede im Einkaufswagen befindliche Simulationskomponente mit den in der Manöverliste definierten Soll-Detaillierungsgraden der Fahrzeugkomponenten abgeglichen werden muss. Wird ein Manöver nicht zur Berechnung freigegeben, kann man den Komponentenbaum aufklappen und in der tiefsten Hierarchiestufe sehen, welcher Detaillierungsgrad gefordert wird und welcher die Modellkomponente mit sich bringt. Dieser Abgleich ist nur möglich, da hier streng nach der PSB-Strukturierung vorgegangen wird: Nicht nur das Simulationsmodell und die Datenbank sind nach dieser Strukturierung gegliedert, sondern auch die Manöverkonfigurationen.

Der nächste Schritt ist nun die Durchführung der Simulation. Dazu wird der freigeschaltete Knopf „Simulation durchführen" gedrückt. Im Hintergrund wird jetzt das Simulationsmodell für das erste Manöver aufgebaut und parametriert.

---

[225] Eigene Darstellung

Da grundsätzlich ein Standardmodell als Startkonfiguration geladen ist, muss dementsprechend auch eine Modellmanipulation, also der Austausch einzelner Modellkomponenten ermöglicht werden. Solch eine Modellmanipulation läuft folgendermaßen ab: die zu ersetzende Komponente wird identifiziert und der Signalfluss wird an seinen Austauschblöcken von dem Gesamtmodell entfernt. Danach wird das abgetrennte Modell gelöscht. Im nächsten Schritt wird aus der Modelldatenbank das gewünschte Simulationsmodell herauskopiert und an dieser Stelle eingesetzt. Danach werden die Eingangssignale und Ausgangssignale wieder mit dem Modellbus verbunden und schließlich die Parametrierungen für das Modell eingetragen. Dabei hat es sich als zielführend erwiesen, dass man den Schnitt im Bus an der Stelle macht, wo der zusammengefasste Gesamtfahrzeugbus als Eingangssignal für das Simulationsmodell liegt. Damit lassen sich einzelne Modelle gezielt für eine Modellmanipulation vorbereiten und erleichtern den automatisierten Austausch beim Komponentenwechsel. Sind alle Modellblöcke ersetzt und parametriert, ist das Gesamtfahrzeugmodell für dieses Manöver bereit für den Start der Simulation. Für eine optische Rückmeldung des Simulationsfortschritts sorgt ein Ladebalken, welcher den Status der Berechnung anzeigt. Außerdem werden die Gesamtzahl der zu simulierenden Manöver sowie der aktuelle Stand in der festgelegten Reihenfolge angezeigt. Am Ende jedes Manövers wird die Rechenzeit in Sekunden sowie die bis dahin zeitliche Beanspruchung der Simulation angezeigt (siehe Abbildung 57). Sollte ein Manöver auf Grund von Fehlern nicht simulierbar sein, wird der Fehler dokumentiert und das Manöver übersprungen. In der abgespeicherten Dokumentation wird das Fehlverhalten sichtbar.

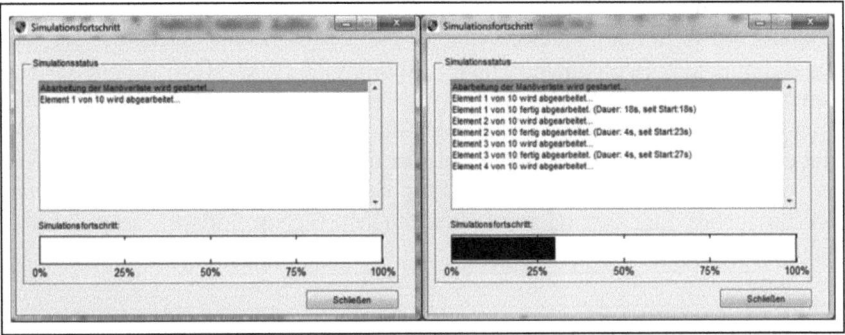

Abbildung 57: Simulationsfortschritt und -zeit zur Kontrolle des Simulationsablaufs[226]

---

[226] Eigene Darstellung

Als letzte Auswahlmöglichkeit in dem Feld „Simulationssteuerung" ist der Button „Ergebnisse darstellen" integriert. Dieser Knopf wird nach erfolgreich abgeschlossener Simulation freigeschaltet. Wird er ausgewählt, werden die Ergebnisse aus der zuvor abgelaufenen Simulation in einer dritten Bedienoberfläche, der Ergebnisdarstellung, visualisiert.

5.14 Die Ergebnisaufbereitung – die dritte Bedienoberfläche

Die dritte Bedienoberfläche ist eine nachgeschaltete Darstellung zur Ergebnisaufbereitung und -darstellung. Dazu befindet sich im oberen Teil dieses Fensters ein Drop-Down Menü, welches die einzelnen Inhalte der Manöver enthält. Wählt man nun ein Manöver aus, werden auf der rechten Seite eine Auswahl an den mitgespeicherten Signalen sowie gegebenenfalls bei einer im Anschluss der Simulation verwendeten Auswertefunktion berechneten Größen, dargestellt. Dabei kann es sich um skalare Größen, wie zum Beispiel eine Beschleunigungszeit oder eine Höchstgeschwindigkeit, als auch um Vektoren wie zum Beispiel einen Geschwindigkeits- oder Leistungsverlauf handeln. Diese Werte können in einzelnen Plots, mehreren Plots oder vergleichend zu anderen Simulationen ebenfalls in einem Plot visualisiert werden. Auf der linken Seite der Ergebnisdarstellung befindet sich das Konzeptfahrzeug, welches für die Bewertung verwendet wurde (siehe Abbildung 58). Diese Darstellung lässt sich in verschiedene Dateiformate ausleiten. Damit ist eine Dokumentation sichergestellt, in der die zu jedem Manöver entsprechende Fahrzeugkonfiguration mit den Prämissen abgespeichert ist.

Der oben kurz erwähnte vergleichende Plot ist eine weitere Visualisierungsmöglichkeit, falls man unterschiedliche Fahrzeugkonzepte (zum Beispiel aus vorangegangenen Berechnungen) oder simulierte Wettbewerber in einer Gegenüberstellung darstellen möchte. Dazu wird eine zuvor abgespeicherte Ergebnisdatei mit dem entsprechenden Manöver aufgerufen. Wird nun ein vergleichender Plot gewählt, so werden die Signale aus der neuen und alten Simulation gegeneinander in einem Plot dargestellt. Dies hat den Vorteil, dass man direkte Unterschiede in den Signalen oder den berechneten Werten optisch nachvollziehen kann.

5.14 Die Ergebnisaufbereitung – die dritte Bedienoberfläche 111

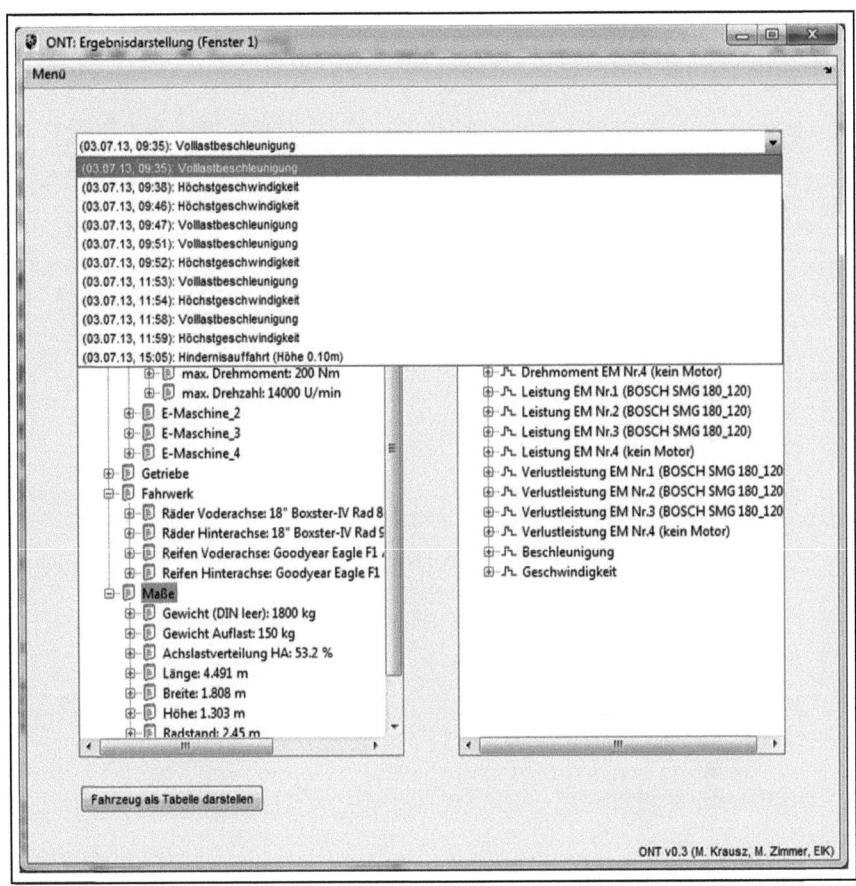

Abbildung 58: Auswahl der durchgeführten Manöver[227]

---

[227] Eigene Darstellung

112 5 Konzept zur methodischen Unterstützung für einen Entwicklungsprozess

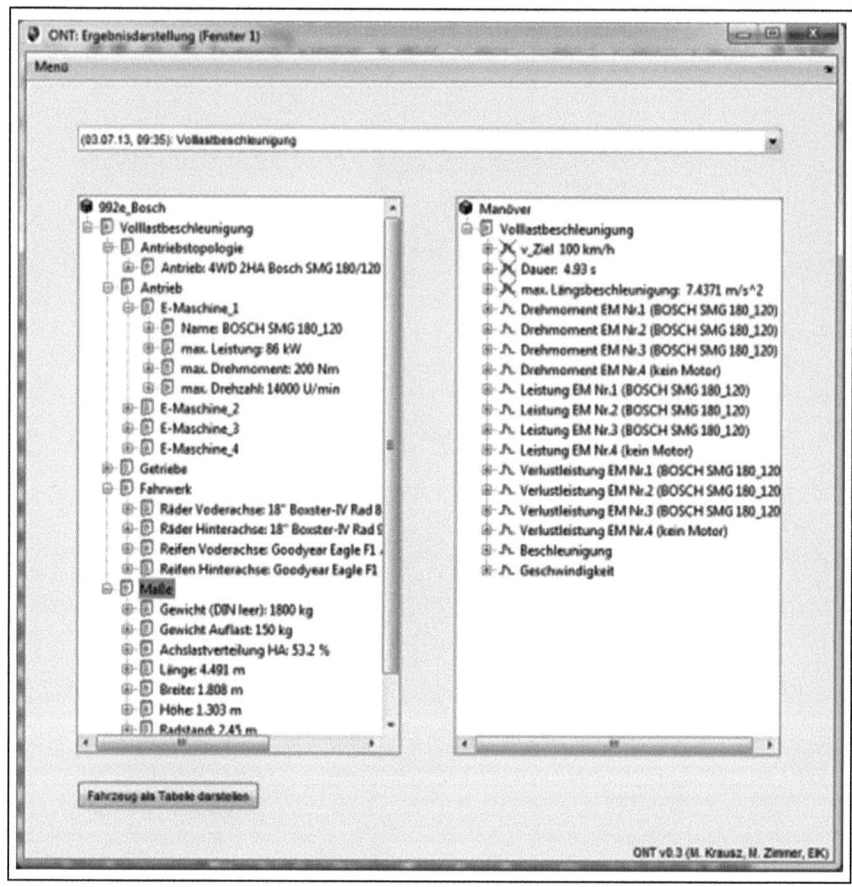

Abbildung 59: Ergebnisdarstellung und Dokumentation der Simulationsabläufe[228]

---

[228] Eigene Darstellung

5.15 Dokumentation

Oftmals ist ein erheblicher Zeitaufwand notwendig, um herauszufinden, unter welchen Prämissen (Simulationsmodelle, Varianten, Versionen, …) Berechnungsergebnisse entstanden sind. Daher ist es zweckmäßig, dass neben den Ergebnissen weitere Informationen bereitgestellt werden, um nicht nur einen Daten- oder Modellaustausch, sondern ein Gesamtverständnis der Simulation zu fördern. Dazu werden Metadaten vom Programm erfasst und zu jeder Ergebnisdatei abgelegt. Unter diesen Informationen sind:

- Anzeigename
- Manövername
- Simulationserfolg
- Zeitstempel
- Hostname
- Benutzer
- Betriebssystem
- System
- IP
- Release, Version und Namen der verwendeten Toolboxen

Des Weiteren werden Daten, wie die verwendete Konfiguration, deren Modelle und Parameter, die Simulationssignale und natürlich die Auswerteergebnisse der Simulationen in einer Datei gespeichert. Diese Daten werden bei jeder Simulation mitgespeichert und können bei Bedarf ausgelesen werden. Damit entsteht neben der Transparenz der Berechnungen eine Möglichkeit zur Verfolgbarkeit der Simulationsintensivität. Der Aufbau des Gesamtsimulationsmodells anhand der Produktstrukturbasis ermöglicht zusätzlich eine durchgängige Dokumentation des Projektfortschritts bis auf Bauteilebene. Damit lassen sich Parameter und Datensätze den erzielten Ergebnissen eindeutig zuordnen.

6 Anwendung am Beispiel e-generation

Der Simulationsprozess ONT unterstützt die Entwickler bei der Bewertung und Analyse von Fahrzeugkonzepten in der Frühen Phase. Damit ein Fahrzeug erfolgreich im Markt positioniert werden kann, ist es notwendig, die Fahrzeugeigenschaften in der Frühen Phase zu bewerten und gegebenenfalls Zielabweichungen frühzeitig auszuweisen. Da in dieser Arbeit die Einschränkung auf elektrisch angetriebene Fahrzeuge gemacht wird, wird im Folgenden die Anwendung von ONT am Beispiel des Förderprojekts „e-generation" aufgezeigt. Bevor jedoch das Kapitel mit der Beschreibung des Einsatzes des Bewertungsprozesses beginnt, wird die Elektromobilität als Herausforderung für die Konzeptentwicklung in der Automobilindustrie dargestellt.

6.1 Elektromobilität und die Herausforderung der Konzeptentwicklung

Unter Elektromobilität ist der Einsatz von elektrischen Antriebskomponenten zur Fortbewegung in unterschiedlichen Bereichen und durch unterschiedliche Konzepte zu verstehen. Zum einen ist die explosionsartige Verbreitung von Pedelecs (ein Schachtelwort aus den Begriffen **Ped**al **E**lectric **Cyc**le) seit 2008[229] zu nennen, welche vor allem bei der älteren, aktiveren Gesellschaft Anklang finden. Diese Art der Fahrräder unterstützt den Fahrer beim Treten mit einem elektrischen Antrieb, der von einer kleinen Batterie gespeist wird. Zum anderen stehen auch komplett neue Mobilitätskonzepte, wie beispielsweise das Carsharing Angebot Car2Go von der Daimler AG[230] in unterschiedlichen Großstädten der Welt[231] zur Verfügung. Ein ähnliches Carsharing Angebot mit elektrischen Fahrzeugen wird auch von der Deutschen Bahn mit ihrem Programm e-flinkster angeboten.[232] Besonders das Car2Go Programm wird gut angenommen und soll innerhalb der nächsten fünf Jahre in 50 Großstädten weltweit verfügbar sein.

---

[229] Quelle: Wirtschaftspressekonferenz am 21. März 2012, Berlin
[230] Für weitere Informationen wird auf die Homepage von Car2Go verwiesen: https://www.car2go.com/, Zeitpunkt des Abrufs 20.08.2013
[231] Stand Mai 2013: Ulm, Hamburg, Berlin, Düsseldorf, Köln, Stuttgart, München, Wien, Birmingham, London, Amsterdam, Austin, Denver, San Diego, Washington D.C., Portland, Miami, Seattle, Vancouver, Toronto, Calgary (Quelle: http://www.daimler.com/technology-and-innovation/mobility-concepts/car2go, Zeitpunkt des Abrufs 21.08.2013)
[232] Für weitere Informationen wird auf die Homepage von Car2Go verwiesen: https://www.flinkster.de/, Zeitpunkt des Abrufs 20.08.2013

Solche Konzepte und Programme sind erste, wichtige Schritte zur Sensibilisierung der Bevölkerung im Hinblick auf elektrisch angetriebene Fortbewegungsmittel. Doch die größten Herausforderungen stellen weder die Schließung neuer Marktlücken durch Kleinserien noch die unter technischem Aspekt wenig schwierige Ersetzung von einfachen, konventionellen Komponenten durch elektrische Bauteile dar, sondern die Substitution von altbewährten und technisch hochkomplexen Fortbewegungsmitteln in Großserie, wie dem Automobil. In diesem Zusammenhang haben nämlich auch die infrastrukturellen Änderungen einen großen Einfluss auf das Gesamtkonzept.

Die Endlichkeit von Ölvorräten und der Klimawandel zwingen daher die OEM zu dieser nachhaltigen und umweltschonenden Mobilität. Auch der steigende Individual- und Transportverkehr sowie die globalen Bestrebungen, die CO_2-Emissionen zu reduzieren, tragen zu diesen Entwicklungen bei. Und genau hier kann der Ansatz der Elektromobilität einen positiven Einfluss ausüben. Da der Fokus dieser Arbeit nicht die Veränderungstreiber in der Automobilindustrie sind, sondern die Unterstützung der Bewertung alternativer Antriebskonzepte, wird im Folgenden auf diese Veränderungstreiber nicht weiter eingegangen und auf die entsprechende Literatur[233] verwiesen.

Ein Ansatz der OEM, die Elektromobilität schrittweise einzuführen, ist neben den Carsharing Programmen die zunehmende Elektrifizierung des Antriebsstranges von konventionellen Serienfahrzeugen. Dabei steigt sukzessive der Grad der Elektrifizierung von Hybrid-Fahrzeugen über Plug-In-Hybrid Fahrzeuge zu Elektrofahrzeugen. Einige OEM, wie zum Beispiel Toyota, Mercedes und Porsche sind mit diversen Hybrid Fahrzeugkonzepten bereits in die Serienproduktion übergegangen. Andere sehr junge Fahrzeughersteller sind direkt in den neuen Markt der Elektrofahrzeuge vorgedrungen. Als Serienhersteller sei hier die in Kalifornien ansässige Firma Tesla Motors genannt, welche mit dem Tesla Roadster den ersten elektrischen Sportwagen in einer Kleinserie angeboten hat und seit 2013 nun mit der Limousine Tesla Model S neue Wege der Elektromobilität beschreitet. Trotz anfänglicher Schwierigkeiten, eine breite Akzeptanz dieser Fahrzeuge zu erhalten, ist Tesla nun auf dem besten Weg, die Führung bei der Herstellung rein elektrischer Fahrzeuge auszubauen und mit neuen Konzepten den Markt der konventionellen Fahrzeuge zu attackieren. Besonders für Hersteller von Sportwagen, egal ob rein elektrisch oder konventionell angetrieben, ist die Herausforderung bei der Konzeptentwicklung das Auflösen des Spannungsfeldes der Veränderungstreiber unter Berücksichtigung der markenspezifischen Eigenschaften und der Wirtschaftlichkeit. Oftmals stehen diese Eigenschaften im Gegensatz zueinander bzw. haben einen konträren Einfluss, so dass eine Trade-Off Beziehung eingegangen werden muss. Diese markenspezifischen

---

[233] Bspw. Lienkamp (2012)

Eigenschaften können bspw. im Unternehmen Porsche in den Kerneigenschaften Performance, Effizienz und Alltagstauglichkeit vereint sein (siehe Abbildung 60).

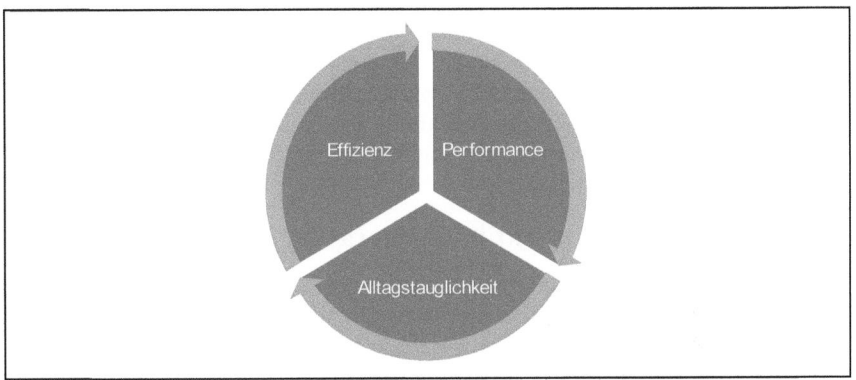

Abbildung 60: Die drei Kerneigenschaften im Spannungsfeld der Konzeptentwicklung[234]

Der Porsche Boxster, ein Mittelmotor Sportwagen, kann ein Beispiel dafür sein, der genau diese Eigenschaften verkörpert. Er bewegt sich im Bereich der Sportwagen auf mittlerem Preisniveau, hat ausreichend Leistung, um dem Best-in-Class Anspruch in seiner Klasse gerecht zu werden und hat dank dem Mittelmotorkonzept genügend Stauraum in Bug und Heck, um das Fahrzeug auch im Alltag nutzenorientiert einzusetzen. Außerdem ermöglicht die Kombination aus einem leichten Roadster mit effizientem Motor sehr gute Verbrauchswerte im Betrieb. Damit besitzt dieses Fahrzeugmodell die beispielhaft vorgestellten markenspezifischen Kerneigenschaften eines Porsche und wird als Vorschlag für eine elektrifizierte Variante untersucht.

6.2 Das Förderprojekt e-generation

Ein vom Bundesministerium für Bildung und Forschung (BMBF) gefördertes Forschungsprojekt mit dem Ziel die Alltagstauglichkeit von Elektrofahrzeugen zu verbessern, indem die Effizienz unter Berücksichtigung der Kosten optimiert wird, wird in dem Projekt „e-generation" realisiert. Die Zeitspanne des Förderprojekts erstreckt sich von den Jahren 2011 bis 2014 und umfasst von der Konzeption bis zum Prototypenbau alle Stufen einer Produktentwicklung. Um dieses Ziel zu erreichen, wird eine neue Generation von Komponenten für Elektrofahrzeuge entwickelt werden, welche anschließend im Gesamtfahrzeug erprobt und

---

[234] Eigene Darstellung

validiert werden. Diese Forschungsfahrzeuge basieren dabei auf dem Porsche Boxster Rohbau und werden typische Umfänge des Mittelmotorsportwagens übernehmen. Das Forschungsprojekt findet in Zusammenarbeit mit Partnern aus der Automobil- und Zulieferindustrie sowie Universitäten und Forschungseinrichtungen statt. Projektpartner sind unter anderem Robert Bosch, Behr, ZF Friedrichshafen, RWTH Aachen, TU Braunschweig und das FKFS. Die Forschungskoordination und -leitung übernimmt neben dem Fördergeber das Tandem aus Porsche Engineering und Dr. Ing. h.c. F. Porsche AG.

6.3 Das Fahrzeugprojekt in e-generation – der Boxster e

Bedingt durch das Mittelmotorkonzept kann der Porsche Boxster notwendige Bauräume zur Verfügung stellen, die für eine Vollelektrifizierung eines Serienfahrzeuges erforderlich sind. Dabei werden der Motor und die weiteren spezifischen Umfänge wie Getriebe, Abgasanlage, Tank usw. durch elektrische Maschinen, Leistungselektronik, Hochvoltbatterie[235] sowie Ladegerät substituiert. Dieser Entwicklungsansatz, bei dem ein Serienfahrzeug die Ausgangsbasis darstellt, wird als sogenanntes „Conversion Design" bezeichnet.[236] Im Gegensatz zum „Purpose Design", bei dem eine Neuentwicklung des Fahrzeugs stattfindet und dabei keine bestehende Plattform eines konventionellen Fahrzeugs mit Verbrennungskraftmaschine genutzt wird.[238] Als Beispiel dafür kann die BMW AG genannt werden, welche als erster großer deutscher Automobilhersteller seit dem dritten Quartal 2013 mit der Einführung des BMW i3 eine von Grund auf neu entwickelte vollelektrische Baureihe anbietet.[237] Der Ansatz des „Conversion Design" wird jedoch derzeit von fast allen übrigen deutschen OEM verfolgt, da sich durch die gemeinsame Nutzung der Serienteile von konventionellem und elektrischem Fahrzeug die Entwicklungskosten reduzieren lassen. Ein Nachteil des „Conversion Design", dass durch die strukturelle Anlehnung an das konventionelle Fahrzeug Einschränkungen bei den geometrischen Anforderungen, welche auf den Antriebsstrang des Serienmodells zugeschnitten sind, in Kauf genommen werden müssen[238], hat allerdings den Vorteil, dass es möglich ist zum Großteil auf strukturrelevante Veränderungen an der Serienkarosserie für den elektrifizierten Boxster (im Folgenden Boxster e genannt) zu verzichten. An die Stelle des Verbrennungsmotors lässt sich aus Sicht des Packages eine Hochvolt-

---

[235] Der Begriff Batterie ist in der Praxis geläufig, jedoch handelt es sich bei diesem Bauteil um einen Akkumulator.
[236] Vgl. Lienkamp (2012), S. 54
[237] Für weitere Informationen wird auf die Homepage http://www.bmw.de/de/neufahrzeuge/bmw-i/i3/2013/start.html verwiesen
[238] Vgl. Wallentowitz, Freialdenhoven (2010), S. 140-141

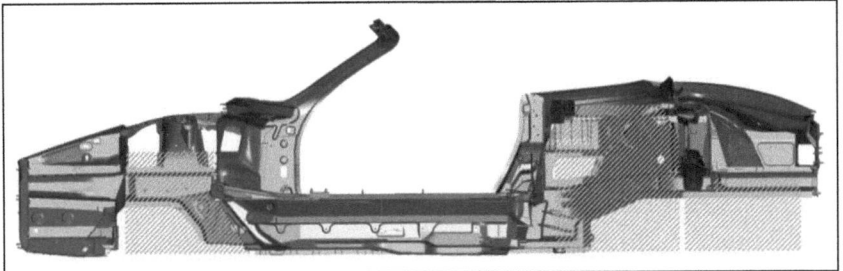

Abbildung 61: Schnitt durch die Karosserie des konventionellen Serienfahrzeugs mit den schematischen Bauräumen[239]

batterie unterbringen. Sie wird idealerweise an denselben Punkten der Karosseriestruktur befestigt, wie beim Serienfahrzeug der Verbrennungsmotor. Das hat im Falle eines Unfalls den Vorteil, dass die gleichen Lastpfade wie im konventionellen Serienfahrzeug genutzt werden können. Durch ihre mittige Position im Fahrzeug kann sie zusätzlich von der umliegenden Karosseriestruktur vor Beschädigungen geschützt werden. Wie der Verbrennungsmotor beim Serienfahrzeug kann die Hochvoltbatterie von unten in das Fahrzeug eingebaut werden, um im Bedarfsfall einen Aus- und Einbau zu ermöglichen. Der Bauraum für Schaltgetriebe und Abgasanlage im Heck des Fahrzeugs entfällt zu Gunsten von zwei Elektromotoren bzw. einem Elektromotor, einem Summiergetriebe bzw. einem Getriebe mit fester Übersetzung und der Leistungselektronik zur Steuerung der Elektromotoren. Im Vorderwagen kann durch den Entfall des Kraftstofftanks der freigewordene Platz durch einen zweiten bzw. dritten Elektromotor mit Permanentübersetzungsgetriebe verwendet werden. Hier findet auch der für die Klimatisierung des Innenraums erforderliche elektrische Klimakompressor seinen Platz. Das vordere und hintere Kofferraumvolumen wird gegenüber dem Serienfahrzeug vollständig erhalten bleiben. In Abbildung 61 ist ein Schnitt durch die Karosserie des konventionellen Serienfahrzeugs mit den schematischen Bauräumen, die durch den Entfall von Kraftstofftank im Vorderwagen sowie der Motor-Getriebe-Einheit und Abgasanlage im Hinterwagen frei werden, dargestellt. Um neben den geometrischen Randbedingungen auch die funktionalen Aspekte zu berücksichtigen sind in dieser frühen Entwicklungsphase Simulationen notwendig, um die unterschiedlichen Konzeptvarianten hinsichtlich Zielerreichung oder -verfehlung zu bewerten. Da in der Gesamtvorhabenbeschreibung des Förderprojekts keine Vorgaben bzgl. einer bestimmten Antriebsstrangauslegung, wie beispielsweise die Anzahl der Elektromaschinen, die Getriebevarianten oder Zelltypenauswahl für die Batterie gemacht werden, ergeben sich allein aus diesen

---

[239] Quelle: Dr. Ing. h.c. F. Porsche AG

Kombinationsmöglichkeiten eine Vielzahl an Möglichkeiten der Konzeptvarianten. Hinzu kommen dann noch weitere Komponenten, welche Einfluss auf die Grenzbetriebsbedingungen und die Fahrdynamik haben (bspw. Reifendimensionen, Auslegungen der Leistungselektronik, Dimensionierung der Klima- und Heizungsanlage oder die Typauswahl der Elektromaschinen). Alle möglichen Komponenten zusammen ergeben Konzeptauslegungsmöglichkeiten, die schnell an die Grenze der Übersichtlichkeit und der Handhabbarkeit stoßen.

6.3.1 Der Boxster e als Benchmark

Im Folgenden wird eine Übersicht der technischen Beschreibung sowie der verwendeten Fahrzeugkomponenten des Boxster e Prototyps aus dem Jahr 2010 gegeben. Dieser Prototyp wurde in den Jahren 2010 bis 2011 im Rahmen eines vorangegangenen Förderprojekts der „Modellregion Elektromobilität Region Stuttgart" des Bundesministeriums für Verkehr, Bau und Stadtentwicklung (BMVBS) in Kooperation mit der Dr. Ing. h.c. F. Porsche AG entwickelt und aufgebaut. Der als Allradler konzipierte Boxster e besitzt als Antrieb zwei identische Elektromotoren. Jeweils eine Maschine befindet sich an der Vorder- bzw. Hinterachse. Bei den Motoren handelt es sich um permanenterregte Synchronmaschinen an denen jeweils ein Getriebe mit einer festen Übersetzung von 6,9:1 angeflanscht ist. Jeder Elektromotor liefert eine Spitzenleistung von 90 kW und ein maximales Drehmoment von 270 Nm. Die Höchstdrehzahl der Rotoren der Elektromotoren ist auf 12000 U/min begrenzt. Damit ergeben sich bei diesem Allradkonzept eine Gesamtleistung von 180 kW und ein Gesamtdrehmoment von 540 Nm. Die Lithium-Eisen-Phosphat-Traktionsbatterie (LiFePO4) hinter dem Fahrgastraum und vor der Hinterachse besitzt eine Nennkapazität von 29 kWh. Die insgesamt 440 Zellen mit je 20 Ah Kapazität sind in 110 Elementen in Serie mit je vier Strängen parallel verschaltet. Bei ca. 375 V ist die Batterie voll aufgeladen und stellt dann eine effektiv nutzbare Energie von 26 kWh zur Verfügung. Das Gesamtgewicht des Prototyps beträgt 1690 kg, wobei die Batterie alleine einen Anteil von 341 kg daran besitzt. Auf den Darstellungen in Abbildung 62 und Abbildung 63 sind respektive Allradkonfigurationen dargestellt, wobei das vorderste Rechteck in Fahrtrichtung das Ladegerät, das sich damit teilweise überdeckende, weiße Rechteck die Leistungselektronik, das große hellgraue Rechteck im Heckbereich die Hochvoltbatterie, die breiten achsparallelen Rechtecke mit den Querstrichen die Elektromotoren (das kleinere bedeutet eine permanenterregte Synchronmaschine und das größere eine Asynchronmaschine) und die schmalen Rechtecke senkrecht zu den Achsen jeweils ein Getriebe mit festem Gang (einfache Ausführung) bzw. ein Zweiganggetriebe (doppelte Ausführung) schematisch darstellen.

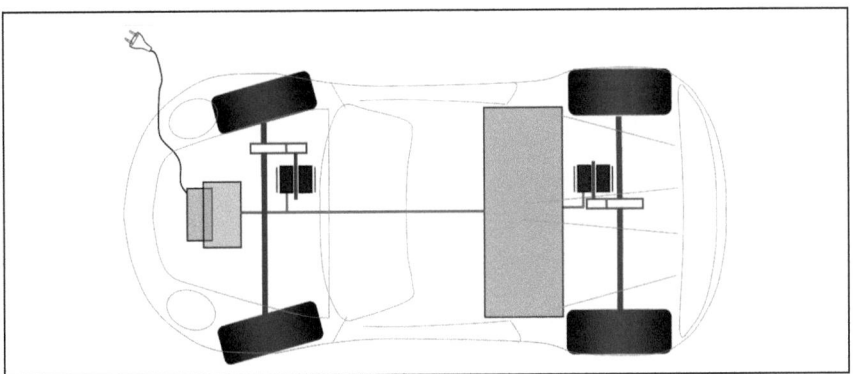

Abbildung 62: 4WD[240] Topologie des Boxster e Prototyps aus dem Jahr 2010[241]

6.3.2 Boxster e Konzept e-generation

Der Antriebsstrang in diesem Förderprojekt besteht aus einer Zweimotorvariante. Die zwei Elektromotoren sind jeweils an ein Getriebe an der Vorderachse und an der Hinterachse angeflanscht. Die Elektromotoren wirken unabhängig voneinander und haben keinen mechanischen Durchtrieb zwischen den beiden Achsen, analog dem Antriebsstrang vom Boxster e aus dem Jahr 2010. Die in dem Förderprojekt weiter zu untersuchenden Konzepte lassen sich anhand ihrer Getriebetypen einteilen: so ist in einem Konzept neben einem Getriebe mit fester Übersetzung an der Hinterachse in einem weiteren Konzept ein Zweiganggetriebe an der hinteren Achse vorgesehen. Die ausweisbaren Fahrleistungsvorteile durch die Verwendung eines Zweiganggetriebes bei ähnlicher Effizienz machen diese Variante besonders attraktiv. An der Vorderachse ist bei beiden Konzepten jeweils ein Permanentübersetzungsgetriebe verbaut. Die Hochvoltbatterie ist aus LG Pouchzellen vom Typ P2.5 mit einer Zellkapazität von 25,9 Ah aufgebaut. Diese Batterie besteht aus vier parallelen Strängen mit jeweils 100 Zellen in Serie verschaltet. Bei einer Betriebsspannung von maximal 400 V stehen 38 kWh Energie zur Verfügung. Es wird möglich sein, die Batterie über Wechselspannung mit maximal 22 kW oder mit Gleichspannung mit maximal 100 kW zu laden. Dafür sind zwei getrennte Ladegeräte vorgesehen. Das Gesamtgewicht der Variante mit fester Übersetzung an der Hinterachse beträgt 1575 kg. Ein Mehrgewicht von 15 kg wird für die Variante mit dem Zweiganggetriebe erwartet. Beide Varianten sind in Abbildung 63 schematisch dargestellt.

---

[240] 4WD steht für Allradantrieb (Four Wheel Drive)
[241] Eigene Darstellung

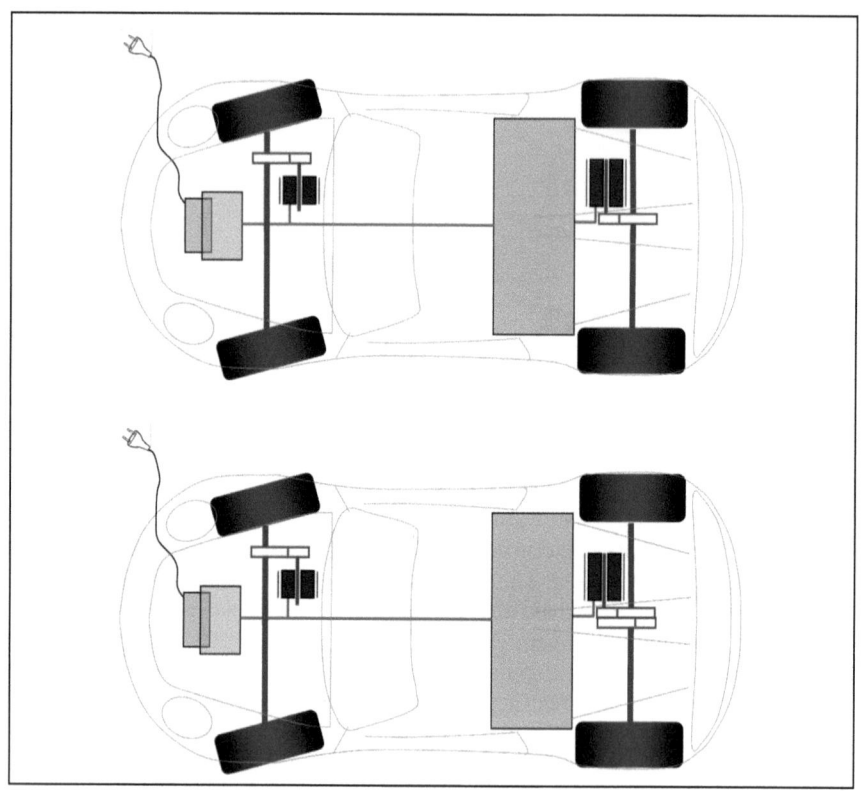

Abbildung 63: 4WD[240] Topologien der Boxster e Konzepte aus dem Projekt e-generation[242]

6.4 Die Anforderungen und Grenzbetriebsbedingungen

Im Rahmen des Förderprojekts „e-generation" in Kooperation mit der Dr. Ing. h.c. F. Porsche AG und der Porsche Engineering werden an das Konzept Anforderungen und Grenzbetriebsbedingungen gestellt, die zu erfüllen sind. Die Anforderungen richten sich gezielt an die Fahrdynamik und die Effizienz des Gesamtfahrzeugs. Dagegen stellen die Grenzbetriebsbedingungen Ansprüche an einen elektrischen Sportwagen, die hinsichtlich der Alltags- und Kundentauglichkeit sowie der Fahrbarkeit erreicht werden müssen. Aus diesen Anforderun-

---

[242] Eigene Darstellung

6.4 Die Anforderungen und Grenzbetriebsbedingungen

Grenzbetriebsbedingungen	Fahrleistungen	Effizienz
Bei einer Umgebungstemperatur von -20°C muss die Restreichweite mind. 50% der NEFZ-Nennreichweite betragen. Der Innenraum kann auf mind. +15°C aufgeheizt werden.	SoC auf dem Hockenheimring bis zum Start-SoC herunterfahren. Dann startet die Beschleunigungsmessung mit einer Pause von 5s.	Reichweite beim Artemis Zyklus 150
Unter 15% SoC muss die Restreichweite bei +20°C mind. 20 km betragen.	Elastizität: 80 km/h bis 120 km/h: SoC 80% 80 km/h bis 120 km/h: SoC 100% jeweils 2 Wiederholungen	Verbrauch im Artemis Zyklus 150
Zur Absicherung der Thermodynamik sind bei +20°C 3 Zyklen mit 100% Fahrpedalwert (Batterieentladung von 100% bis 10%) und anschließendem Laden mit max. möglicher Leistung durchzuführen.	Volllastbeschleunigung: 0-160 km/h: SoC 80% 0-160 km/h: SoC 100% jeweils 2 Wiederholungen	Reichweite beim Artemis 150 Zyklus bei -20°C
4x2 aufeinander folgende elektrische Volllastbeschleunigungen von 0-100km/h mit einem SoC von: 100%, 80%, 50%, 30%	Fahrt Autobahnzyklus	Reichweite beim NEFZ
An einer Steigung von 20% muss 5-maliges Anfahren (auch bei feuchter Fahrbahn) innerhalb 5 min mit anschließender Weiterfahrt in Schrittgeschwindigkeit über eine Strecke von 20m möglich sein (jeweils vorwärts und rückwärts).	Höchstgeschwindigkeit in der Ebene (20°C)	Verbrauch im NEFZ
Parkhausrampe mit max. 8 % Steigung müssen im "Low-Performance-Betrieb" befahren werden können (keine Geschwindigkeitsvorgaben).	Volllastbeschleunigung: 0-200 km/h: SoC 80% 0-200 km/h: SoC 100% jeweils 2 Wiederholungen	Reichweite beim NEFZ Zyklus bei -20°C
Die Anforderungen bzgl. Anfahren, Fahrbarkeit und Thermodynamik des Fahrzeugs sind während der Passauffahrten einzuhalten. Alle mitteleuropäischen Pässe, wie z.B. Großglockner sind zu berücksichtigen.	Steigfähigkeit bei 50km/h Konstantfahrt	
5-maliges langsames Auffahren auf einen Bordstein (100mm Höhe, 90° Winkel) aus dem Stillstand.	Es müssen mind. 3 Runden auf dem kleinen Kurs Hockenheim und 1 Runde Nürburgring auf Bestzeit gefahren werden können ohne Derating und ohne gravierendes Nachlassen von Bremse und Reifen.	
Ladevorgänge: AC: 3,6 7,2 22 kW DC: 22, 40 kW Schleppladen: >40kW bei Temperaturen von -10°C bis +35°C ohne Derating von SoC 0% bis 95%		

Abbildung 64: Anforderungsliste aus e-generation[243]

gen und Grenzbetriebsbedingungen ergibt sich ein Kernziel des Projektes: die signifikante Senkung des Energiebedarfs um 28 Prozent gegenüber heutigen Elektrofahrzeugen. Als Benchmark wird der als Prototyp gebaute Boxster e aus dem Jahr 2010 herangezogen. Eine beispielhafte Übersicht der Anforderungsliste ist in Abbildung 64 dargestellt. Einige der Grenzbetriebsbedingungen erfordern für die Simulation eine zustandsabhängige Manöversteuerung. So wird bei-

---

[243] Eigene Darstellung mit den Inhalten aus dem Projekt e-generation

spielsweise eine Zustandserkennung bei der sich zweimal wiederholenden Beschleunigung bei den jeweils vier unterschiedlichen Ladezuständen benötigt, um die Konstantfahrten beim Erreichen des geforderten SoC abzubrechen. Die gesamten, textuellen Beschreibungen müssen für eine Simulation interpretiert und übersetzt werden, so dass Geschwindigkeitsprofile entstehen, die dem virtuellen Fahrer als Vorlage für die Gas- und Bremseingriffe dienen. Neben diesen funktionalen Beschreibungen sind die Prämissen abzustimmen, unter welchen Randbedingungen, wie zum Beispiel Umwelteinflüsse, die Simulationen durchgeführt werden.

6.5 Durchführung der Konzeptbewertung mit ONT

Vergleichsbewertungen zwischen einem neu zu entwickelnden Fahrzeugkonzept und einem Referenzfahrzeug, die auf Simulationswerte beruhen, müssen idealerweise in einer Simulationsumgebung durchgeführt werden. ONT bietet die Möglichkeit, die unterschiedlichen Fahrzeugvarianten und die geforderten Anforderungen an die Konzepte in einer Umgebung strukturiert zu analysieren. Es wird auf Grund der Übersichtlichkeit nicht die chronologische Reihenfolge der vielen möglichen Varianten, die bewertet werden, aufgezeigt, sondern der Vergleich zwischen dem Referenzfahrzeug und einer aus dem Förderprojekt entschiedene Fahrzeugtopologie.

6.5.1 Bewertung des Referenzfahrzeugs

Um die Nulllinie in der Gegenüberstellung festzulegen, muss das Referenzfahrzeug in ONT bewertet und eine zugehörige PSB erstellt werden. Bezüglich der Fahrdynamik, insbesondere der Längsbeschleunigung, gibt es zwar keine Vorgaben aus dem Förderprojekt, aber Anforderungen von den Projektpartnern, da der Prototyp die charakteristischen Merkmale eines Sportwagens aufweisen soll. Für eine Bewertung der Längsdynamik werden daher folgende Anforderungen ausgewählt:

- Volllastbeschleunigung: 0-60 km/h bei 100 % SoC
- Volllastbeschleunigung: 0-100 km/h bei 100 % SoC
- Volllastbeschleunigung: 0-160 km/h bei 100 % SoC
- Höchstgeschwindigkeit in der Ebene
- Elastizitätsbeschleunigung: 80-120 km/h

Für eine Effizienzbewertung des Fahrzeugs werden unterschiedliche Fahrzyklen simuliert. Darunter sind zum einen der Verbrauch und die Reichweite

6.5 Durchführung der Konzeptbewertung mit ONT

beim NEFZ mit 20°C Umgebungstemperatur sowie der Verbrauch und die Reichweite beim Artemis 150 mit 20°C Umgebungstemperatur. Diese sieben Anforderungen sind lediglich ein Auszug der Bewertungsmöglichkeiten für Konzeptfahrzeuge in ONT und in Abbildung 65 dargestellt.

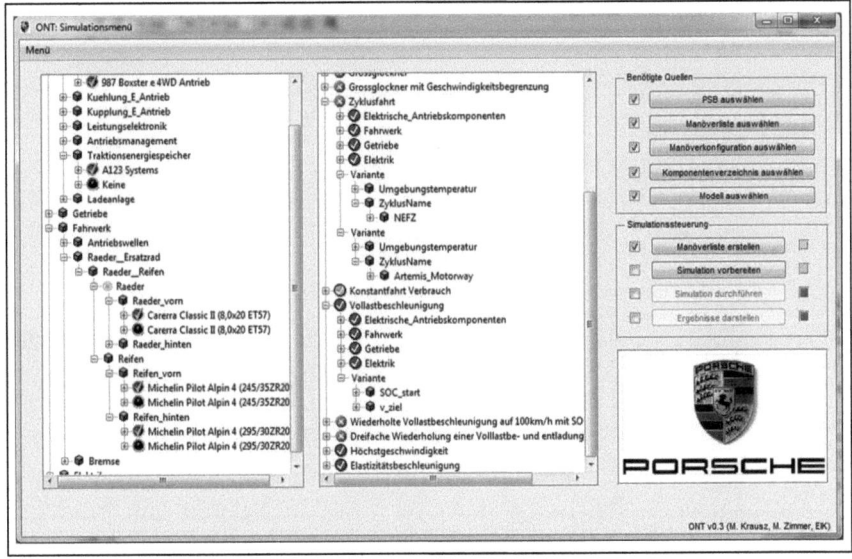

Abbildung 65: Die sieben Anforderungen in ONT an das Boxster e Konzept aus dem Jahr 2010[244]

Die Ergebnisse der Anforderungen sind nachfolgend in Tabelle 1 aufgelistet. Trotz des erhöhten Fahrzeuggewichts und der für einen im Vergleich zu einem konventionellen Sportwagen eher durchschnittlichen Motorleistung lassen sich dank dem bei kleinen Drehzahlen zur Verfügung stehenden hohen Drehmoment adäquate Fahrleistungen erreichen. Um ein nicht zu sehr synthetisches Lastprofil wie beim NEFZ zu bewerten, wird auch der Artemis 150 Zyklus verwendet. Dieser Zyklus spiegelt eine deutlich kundennähere Fahrweise wider als es der NEFZ darstellt und kann damit als Effizienzindikator verwendet werden. Anhand der berechneten Verbrauchswerte und der Kenntnis über den Energieinhalt der Batterie lassen sich die erreichbaren Reichweiten vorhersagen.

---

[244] Eigene Darstellung

Tabelle 1: Ergebnisse der Anforderungen

Anforderung	Prämissen	Ergebnis
0-60 km/h	100% SoC	3,1 sec
0-100 km/h	100% SoC	5,6 sec
0-160 km/h	100% SoC	11,6 sec
80-120 km/h	100% SoC	3,2 sec
vmax	100% SoC	209 km/h
NEFZ Verbrauch	20°C Umgebungstemperatur	12,5 kWh/100km
Artemis 150 Verbrauch	20°C Umgebungstemperatur	19,3 kWh/100km

6.5.2 Bewertung des Boxster e aus dem Förderprojekt e-generation

Im Förderprojekt e-generation werden zusätzlich zu der Längsperformance die Alltagstauglichkeit und die Fahrbarkeit anhand von definierten Anforderungen nachgewiesen. Die mit ONT simulierten Anforderungen sind in Abbildung 66 aus ONT dargestellt und beschränken sich im ersten Schritt neben den längsdynamischen Fahrmanövern auf folgende Punkte:

- Parkhausrampe: Bei diesem Manöver wird das Befahren mit Schrittgeschwindigkeit einer Rampe mit einer bestimmten Neigung simuliert.

- Bordsteinüberfahrt: Ein zur Fahrbahn um 90° herausragendes Hindernis mit einer definierten Höhe muss überwunden werden. Dazu werden alle Kombinationen der Motorverschaltungen bei Mehrmotortopologien sowie das Vorwärts- und Rückwärtsanfahren simuliert.

- Steigfähigkeit: Durch das Befahren einer Rampe mit einer konstanten Geschwindigkeit und mit sukzessiv wachsendem Neigungswinkel kann der maximal mögliche Steigungswinkel bestimmt werden.

- Ladedauer: Die Ladezeiten werden für unterschiedliche Ladeleistungen simuliert.

- Mindestreichweite: Eine Mindestreichweite muss bei einem kritischen SoC-Stand noch akzeptabel sein, um eine nächste Ladeeinrichtung zu erreichen.

- Restreichweite bei tiefen Temperaturen: Bei tiefer Umgebungstemperatur und einer angenehmen Innenraumtemperatur muss die Restreichweite einer definierten Mindestreichweite, welche sich aus der NEFZ-Nennreichweite ergibt, betragen.

6.5 Durchführung der Konzeptbewertung mit ONT

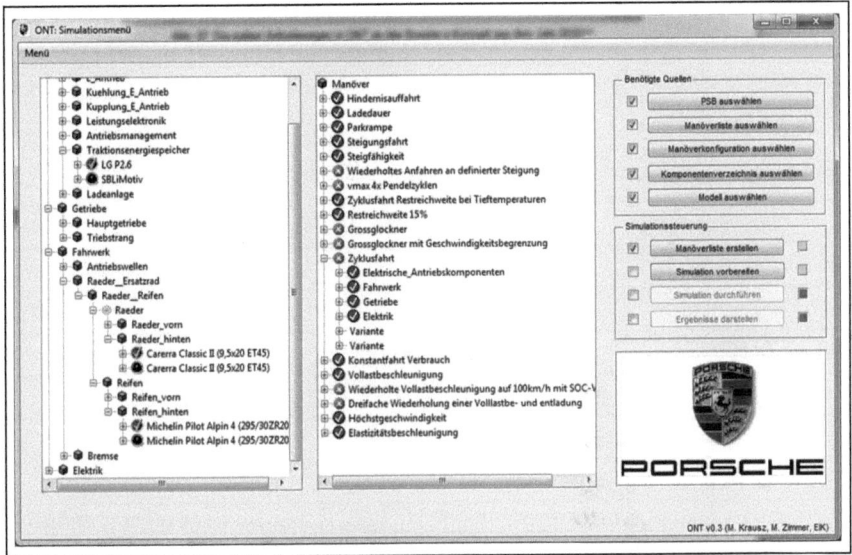

Abbildung 66: Die Anforderungen und Grenzbetriebsbedingungen von e-generation an die Fahrzeugkonzepte[245]

Weitere Anforderungen werden für die künftige Bewertung sukzessive erweitert. Abbildung 66 zeigt zu einem Projektzeitpunkt, dass teilweise die vom Manöver geforderten Detaillierungsgrade von Simulationsmodellen noch nicht erfüllt werden, so dass erst mit detaillierteren Modellen diese Anforderung freigeschaltet wird. Bei solchen Manövern ist es allerdings möglich, dass Lastkollektive an den Schnittstellen der notwendigen Bauteile erzeugt werden. Damit lassen sich Bauteilauslegungen vorschlagen und gezielt geforderte Leistungsgrenzen aufzeigen.

Die Ergebnisse aus den Anforderungen sind in Tabelle 2 zusammengefasst. Der Vergleich mit dem Referenzfahrzeug aus dem Jahr 2010 (siehe Tabelle 1) zeigt deutliche Fortschritte in den Bereichen Längsdynamik und Effizienz. Die Beschleunigungswerte sind sportwagentypisch, während der Verbrauch im Vergleichszyklus Artemis 150 ein Indiz dafür ist, dass im kundennahen Fahrbetrieb akzeptable Reichweiten erzielt werden können. Die Steigfähigkeit ist aufgrund des hohen Drehmoments überdurchschnittlich ausgeprägt. Auch das Anfahren auf einer simulierten Parkhausrampe mit konstanter Geschwindigkeit wird ohne Probleme absolviert. Lediglich die Restreichweite bei tiefen Temperaturen und die Auffahrt auf einen Bordstein entsprechen zu diesem Projektzeitpunkt noch

---

[245] Eigene Darstellung

nicht den geforderten Annahmen aus den Anforderungen. Abhilfe dafür können durch gezielte Maßnahmen der Vorkonditionierung bei niedrigen Temperaturen bzw. durch eine geeignete Betriebsstrategie zum Anfahren auf Bordsteine geschaffen werden.

Tabelle 2:   Ergebnisse der Anforderungen von e-generation

Anforderung	Prämissen	Ergebnis
0-50 km/h	100% SoC	2,2 sec
0-60 km/h	100% SoC	2,6 sec
0-100 km/h	100% SoC	4,7 sec
0-160 km/h	100% SoC	11,8 sec
80-120 km/h	100% SoC	2,7 sec
vmax	100% SoC	200 km/h
NEFZ Verbrauch	20°C Umgebungstemperatur	11,0 kWh/100km
Artemis 150 Verbrauch	20°C Umgebungstemperatur	16,7 kWh/100km
Steigfähigkeit	v_const=50 km/h	44°
Restreichweite	Bei −20°C mind. 50 % NEFZ-Nennreichweite	Nicht bestanden
Parkrampe	8% Steigung mit v=10 km/h innerhalb 10 sec	Bestanden
Bordsteinüberfahrt	Bordsteinhöhe 10 cm	Nicht bestanden

6.6 Zusammenfassung der Bewertungen für das Projekt e-generation

Die vielen Konzeptvarianten, die sich durch die Anzahl der unterschiedlichen möglichen Komponenten ergeben haben, sind durch den automatisierten Simulationsprozess effektiv und effizient bewertet worden. Die vorangegangene Darstellung der Ergebnisse ist lediglich ein Auszug aus einer Vielzahl von Simulationen der untersuchten unterschiedlichen Fahrzeugtopologien. Mit Hilfe des Prozesses ONT sind die an die Konzeptfahrzeuge gestellten Anforderungen bewertet und analysiert worden. Es wird zum Beispiel gezeigt, dass eine durch das Förderprojekt e-generation angestrebte Verbrauchsverbesserung in den Zyklen bei einer Umgebungstemperatur von 20°C erreicht werden kann. Bei winterlichen Verhältnissen (-20°C) hingegen wird die geforderte Mindestreichweite um wenige Prozent unterschritten. Die Unterschreitung fällt in den Berechnungen noch in den Toleranzbereich, so dass vorerst keine fahrzeugseitigen Veränderungen vorgenommen werden müssen. Allerdings gibt es bei der zu erfüllenden Bordsteinüberfahrt aus dem Stand heraus keine Möglichkeit diese Grenzbetriebsanforderung im Zweiradmodus zu erfüllen. Daher ist eine geeignete Betriebsstrategie bei einem solchen Szenario vorgesehen. Ein Vergleich der Längsperformance bei Gegenüberstellung des Referenzfahrzeugs Boxster e aus dem Jahr 210 und dem Boxster e aus dem Projekt e-generation sind in Abbildung 67 und in Abbildung 68 dargestellt. Die deutliche Performance-Steigerung beim Boxster e aus e-generation ist vor allem der neuen Motorengeneration geschuldet, welche zwar einen etwas schmaleren Drehzahlbereich für das maximale Drehmoment als beim Boxster e aus dem Jahr 2010 aufweist, jedoch einen deutlich größeren nominellen Drehmomentwert liefern kann.

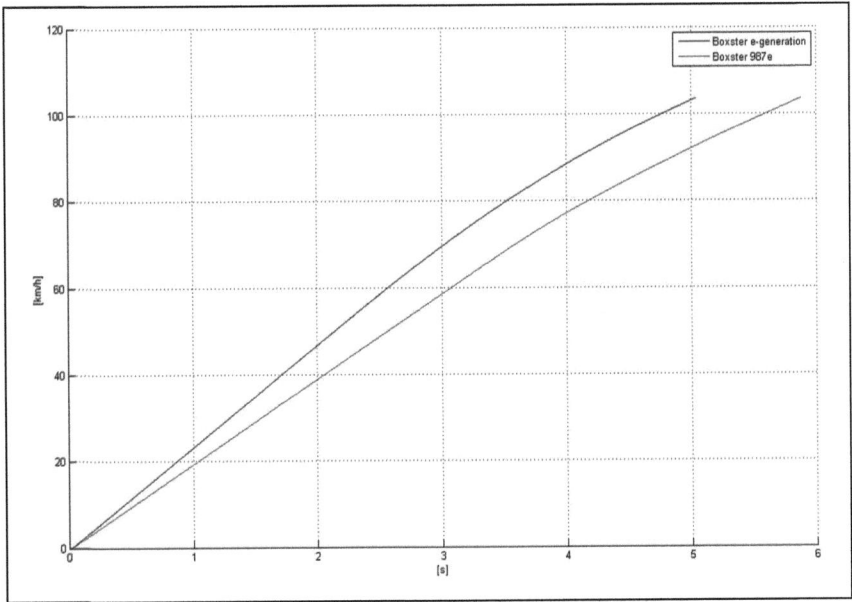

Abbildung 67: Vergleich der Geschwindigkeiten über der Zeit beider Konzeptfahrzeuge[246]

---

[246] Eigene Darstellung

130 6 Anwendung am Beispiel e-generation

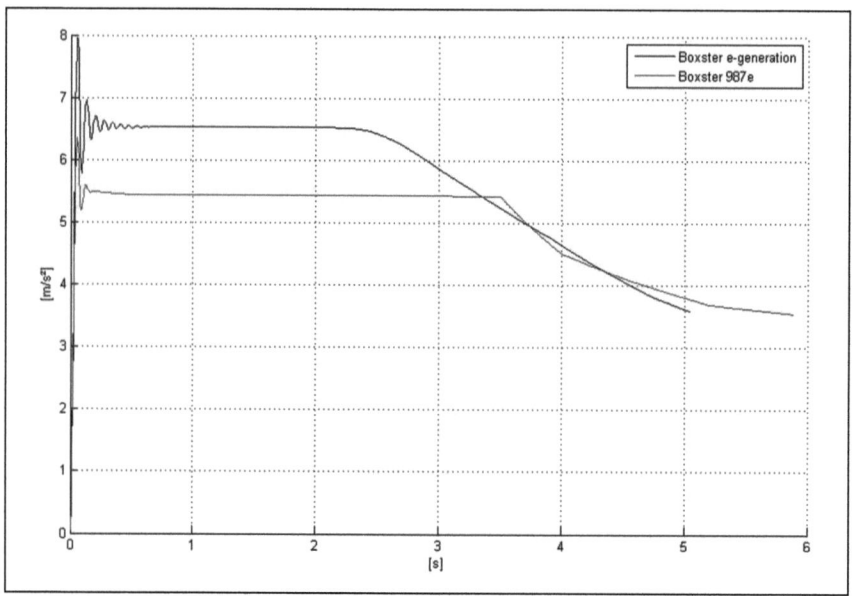

Abbildung 68: Vergleich der Beschleunigungen über der Zeit beider Konzeptfahrzeuge[247]

---

[247] Eigene Darstellung

7 Zusammenfassung und Ausblick

Es zeigt sich, dass ein automatisierter Simulationsprozess in der Frühen Phase zur Grobbewertung von Konzeptideen zu einer Qualitätssteigerung beitragen kann, wenn der Prozess auf einer einheitlichen Struktur und damit einer Durchgängigkeit beruht. Die Integration der Abbildung einer vorgebenden Struktur in einen Simulationsprozess kann als Basis gesehen werden, um die Komplexität zur Variantenbewertung zu beherrschen, sofern nicht nur das Simulationsmodell selbst, sondern auch die Daten- und Modellverwaltung dieser Struktur untergeordnet sind. Die so geschaffene Durchgängigkeit ist eine Ausgangsbasis für schnelle und effiziente Bewertungsmöglichkeiten und kann eine lückenlose Dokumentation auf Bauteilebene und eine flexible Bewertungsmethode garantieren. Diese Methode kann den Reifegrad in der Frühen Phase erhöhen, indem neben dem Umgang mit unterschiedlichen Detaillierungsgraden auch eine Wiederverwendbarkeit von Modellen und Daten ermöglicht wird. Die Bedienung über GUIs lässt eine benutzerfreundliche Steuerung des Prozesses und eine übergreifende Verwendung zu, ohne dass Programmierkenntnisse Voraussetzung sind. Definierte Schnittstellen stellen weitere Entwicklungsmöglichkeiten für Co-Simulationen bzw. die Einbindung anderer Simulationswerkzeuge zur Verfügung. Damit lassen sich weitere Potentiale durch die Verwendung bereits vorhandener, bewährter Simulationskomponenten und Synergien durch das damit geteilte Know-how heben. Durch diese vielzähligen Entwicklungsmöglichkeiten kann ein weiteres Frontloading realisiert werden. In der Anwendung liefert der Vergleich von Simulations- mit Referenzwerten eine erste Möglichkeit die Güte des Gesamtmodells auf ihre Funktionalität hin zu überprüfen. Jedoch birgt diese Vorgehensweise die Gefahr, dass durch den ausschließlichen Vergleich von „Ergebniswerten" Fehler oder überschrittene Toleranzbereiche in den Modellen nicht unmittelbar nachvollzogen werden, sondern sich ggf. zufällig herausmitteln können. Um diesem nicht deterministischen Verhalten vorzubeugen ist es notwendig Abweichungen in einem Vergleich auf Komponentenebene zurückzuführen. Durch den strukturierten Aufbau ist die Definition und Integration einer Art „Gütestempel" für jede Komponente möglich und wird im weiteren Projektfortschritt untersucht werden.

Literaturverzeichnis

Andersson, Sören; Sellgren, Ulf (2003):. "Modular product development with a focus on modelling and simulation of interfaces" [Vortrag]. In: 6th workshop on Product Structuring: Application of Product Models. Dänemark: Technical University of Denmark

Baldwin, Carliss Y.; Woodard, Jason C. (2007): "Competition in Modular Clusters" [Working Paper]. Basierend auf Baldwin, Carliss Y.; Woodard, Jason C; Clark, Kim B (2003): "The Pricing and Profitability of Modular Clusters". In: Division of Research, Harvard Business School

Baldwin, Carliss Y.; Clark, Kim B. (2006): "Modularity in the design of complex engineering systems". Springer Berlin Heidelberg

Beucher, Ottmar (2008): „MATLAB und Simulink: grundlegende Einführung für Studenten und Ingenieure in der Praxis". (Vol. 10). Pearson Deutschland GmbH

Bewersdorff, Sebastian; Pfau, Jörg (2011): „Beherrschung der Variantenvielfalt durch prozesssichere Simulation" [Artikel]. In: Automobiltechnische Zeitschrift 10/2011, Jahrgang 113

Boehm, Barry W. (1984): „Verifying and validating software requirements and design specifications". In: IEEE software

Boos, Wolfgang (2008): „Methodik zur Gestaltung und Bewertung von modularen Werkzeugen" [Dissertation]. Aachen: Rheinisch-Westfälische Technische Hochschule Aachen

Cellier, Francois E. (1991): „Continuous system modeling". Springer Science & Business Media

Cooper, Robert G.(2002): „Top oder Flop in der Produktentwicklung – Erfolgsstrategien: Von der Idee zum Launch". Wiley-VCH Verlag GmbH & Co. KGaA

Daimler AG, Nachhaltigkeitsbericht 2011

Dietz, Karlheinz; Nayabi, Kasra (2006): „Intelligente Build-to-Order-Konzepte für die Automobilindustrie" [Vortrag].,In: EU 5 Day Car Initiative 01.06.2006, Wolfsburg

Glende, Sebastian (2010): „Entwicklung eines Konzepts zur nutzergerechten Produktentwicklung" [Dissertation]. Berlin: Technische Universität Berlin

Göpfert, Jan (1998): „Modulare Produktentwicklung". Springer Berlin Heidelberg

Gössing, Peter H. (2001): „Virtuelle Auslegung der Karosseriestruktur für Betriebsbeanspruchungen" [Dissertation]. München: Technische Universität München

Gusig, Lars-Oliver; Kruse, Arne (2010): „Fahrzeugentwicklung im Automobilbau". München: Carl Hanser Verlag

Hatton, Less (1996): „Is modularization always a good idea?". In: Information and Software Technologoy 38, S. 719-721

Hatton, Less (1997): „Why is the defect density curve U-shaped with component size". IEEE Software

Haupt, Christian (2013): „Ein multiphysikalisches Simulationsmodell zur Bewertung von Antriebs- und Wärmemanagementkonzepten im Kraftfahrzeug" [Dissertation]. München: Universität München

Heesen, Marcel (2009): „Innovationsportfoliomanagement". Springer-Verlag

Heftrich, Frank (2000): „Moderne F&E-Zusammenarbeiten in der Automobilindustrie – Organisation und Instrumente" [Dissertation]. Siegen: Universität-Gesamthochschule Siegen

Herstatt, Cornelius; Verworn, Birgit (2007): „Management der frühen Innovationsphasen", 2. Auflage. Springer Fachmedien

Hoare, Sir Charles A. R. (1969): „ An axiomatic basis for computer programming". Communications of the ACM 12.10 (1969), S. 576-580

Hommel, Mathias (2006): „Parallelisierte Simulationsprozesse für virtuelles Prototyping in der Automobilindustrie" [Dissertation]. Braunschweig: Technische Universität Braunschweig

Hrdliczka, V et al.. Fachgruppe 4.5.6 Simulation in Produktion und Logistik: Leitfaden für Simulationsbenutzer [Überarbeitung der ASIM-Mitteilungen Heft Nr. 7a]

Institut für Technikfolgenabschätzung und Systemanalyse (ITAS), TAB-Brief Nr. 41 (2012) Schwerpunkt: Zukunft der Automobilindustrie

Isermann, Rolf (2006): „Fahrdynamik-Regelung: Modellbildung, Fahrerassistenzsysteme, Mechatronik". Springer-Verlag

Jenaer Schriftenreihe zum Innovations- und Gründungsmanagement, Nummer 17/2013

Katagiri, Fumiaka (2003): „Attacking complex problems with the power of systems biology". In: Plant Physiology, 132 (2), S. 417-419

Kersten, Wolfgang et al. (2005): „Reduktion der Prozesskomplexität durch Modularisierung". In: Industrie Management ,21, S. 11-14

Khurana, Anil; Rosenthal, Stephen R. (1998): „Towards Holistic Front Ends in New Product Development". Journal of Product Innovation Management, 15(1), S. 57-74

Klenk, Eva; Knössel, Tobias (2010): „Logistikorientierte Wertstromanalyse" [Vortrag]. In: Logistikseminar Erschließung von Produktivitätspotenzialaen in der Logistik, Garching 14.10.2010

Koen, Peter et al. (2001): „Providing Clarity and a CommonLanguage to the Fuzzy Front End". In: Research-Technology Management, 44 (2), S. 46-55

Konstruktionspraxis (April 2004): „Erfolgsfaktor Frontloading", Würzburg: Vogel Industrie Medien

Literaturverzeichnis 135

Krausz, Mark; Zimmer, Matthias (2014): „Vorstellung eines vollautomatischen Simulationswerkzeugs zur Bewertung von Fahrzeugkonzepten" [Vortrag]. Berlin: 03.-05.09.2014, ASIM 2014

Kühn, Wolfgang (2006): „Digitale Fabrik Fabriksimulation für Produktionsplaner". Hanser Munich

Langermann, René (2008): „Beitrag zur durchgängigen Simulationsunterstützung im Entwicklungsprozess von Flugzeugsystemen" [Dissertation]. Braunschweig: Technische Universität Braunschweig

Lienkamp, Markus (2012): „Elektromobilität: Hype oder Revolution?". Springer-Verlag Berlin Heidelberg 2012

Lindemann Michael et al. (2009): „Konfiguration von Hybridantriebssträngen mittels Simulation" [Artikel]. In: Automobiltechnische Zeitschrift 05/2009, Jahrgang 111

Lindemann, Udo (2009): „Methodische Entwicklung technischer Produkte", 3. Auflage. Springer Dordrecht Heidelberg London New York

Ljung, Lennart; Glad, Torkel (1994): „Modelling of dynamic Systems". P T R Prentice Hall

Meier, Horst (2004): „Dienstleistungsorientierte Geschäftsmodelle im Maschinen- und Anlagenbau. Vom Basisangebot bis zum Betreibermodell". Berlin

Mercedes Presseinformation November 2011

Mercedes-Benz Omnibustage (2011): „125! Jahre Innovation – Moderne trifft auf Klassik". In: Mannheim

Pahl, Gerhard; Beitz, Wolfgang (2007): „Konstruktionslehre", 7. Auflage. Berlin: Springer

Parallax Inc. (2004): „Basic Analog and Digital"

Pautsch, Peter (2008): „Risikoanalyse von Betreibermodellen für Produktionsanlagen" [Artikel]. In: PPS Management 13, S 59-62, GITO-Verlag

Pesch, Dieter (2005): „Ziel: Baukastenorientiertes Engineering" [Interview]. In: CADCAM 05/2005, S. 25-27

Pfeifer, Tilo et al. (2004): „Quality-Gate-Systematik in Entwicklungsprojekt der Luftfahrt" [Artikel]. In. QZ 49 (9), S. 20-23. München: Carl Hanser Verlag

Pulm, Udo (2004): „Eine systemtheoretische Betrachtung der Produktentwicklung" [Dissertation]. München: Universität München

Reichhuber, Alexander W. (2010): „Strategie und Struktur in der Automobilindustrie: Strategische und organisatorische Programme zur Handhabung automobilwirtschaftlicher Herausforderungen". Springer-Verlag.

Reuter, Ralf; Hoffmann, Rainer (2000): „Bewertung von Berechnungsergebnissen mittels Stochastischer Simulationsverfahren". [Artikel]. In: VDI-Berichte Nr. 1559, S. 275-297

Rose, Bernhard (2004): „Entwicklung wird für Automobilzulieferer zur Kernkompetenz" [Artikel]. In: VDI Nachrichten Düsseldorf 20. Februar 2004

Schick, Bernhard et al. (2008): „Simulationsmethoden zur Evaluierung und Verifizierung von Funktion, Güte, und Sicherheit von Fahrerassistenzsystemen im durchgängigen MiL-, SiL- und HiL-Prozess" [Vortrag]. In: 3. Tagung Aktive Sicherheit durch Fahrerassistenz, Garching, 7.-8. April 2008

Schnalzer, Kathrin et al. (2013): „Komplexe Entwicklungsprojekte effektiver managen" [Studie]. Fraunhofer-Institut für Arbeitswirtschaft und Organisation

Schneider Thomas et al. (2007): „Modernes Thermomanagement am Beispiel der Innenraumklimatisierung" [Artikel]. In: Automobiltechnische Zeitschrift 02/2007, Jahrgang 109

Schömann, Sebastian (2012): „Produktentwicklung in der Automobilindustrie Managementkonzepte vor dem Hintergrund gewandelter Herausforderungen" [Dissertation]. Springer Fachmedien Wiesbaden GmbH

Schoder, Detlef (2002): „Peer-to-Peer: Ökonomische, technologische und juristische Perspektiven". Springer

Schuh, Günther (2005): „Produktkomplexität managen: Strategien-Methoden-Tools", 2. Auflage. Carl Hanser Verlag GmbH Co KG

Schuh, Günther (2012): „Innovationsmanagement: Handbuch Produktion und Management 3", 2. Auflage. Springer-Verlag Berlin Heidelberg

Seidel, Michael (2005): „Methodische Produktplanung" [Dissertation]. Karlsruhe: Universitätsverlag Karlsruhe

Seiffert, Ulrich; Rainer, Gotthard (2008): „Virtuelle Produktentstehung für Fahrzeug und Antrieb im Kfz". Wiesbaden: Vieweg+Teubner Verlag

Sörensen, Daniel (2006): „The Automotive Development Process". DUV

Specht, Günter (2002): „F&E Management – Kompetenz im Innovationsmanagement". C.H. Beck Verlag

Tatarczyk, Beata (2009): „Organisatorische Gestaltung der frühen Phase des Innovationsprozesses" [Dissertation]. Brandenburgische Technische Universität Cottbus, Wiesbaden: GWV Fachverlage GmbH

Töpfer, Armin (2009): „Lean Six Sigma. Erfolgreiche Kombination von Lean Management, Six Sigma und Design for Six Sigma". Berlin: Springer-Verlag Berlin Heidelberg

Tomayko, James E. (1985): „Helmut Hoelzer's Fully Electronic Analog Comupter". In: Anals of the History of Computing 7(3), S. 227-240

Ulrich, Hans; Probst, Gilbert J. B. (1995): „Anleitung zum ganzheitlichen Denken und Handeln". Bern: Paul Haupt Verlag

VDI-Bericht 1967 (2006): „Durchgängige Simulationsumgebung zur Entwicklung und Absicherung von fahrdynamischen Regelsystemen" [Tagung]. In: Berechnung und Simulation im Fahrzeugbau: Numerical Analysis and Simulation in Vehicle Engineering, Würzburg 27.-28. September 2006, S. 387-405

VDI-Bericht 1559 (2000): „Berechnung und Simulation im Fahrzeugbau"

VDI-Richtlinie 2206 (2004-2006): „Entwicklungsmethodik für mechatronische Systeme". Beuth Verlag

VDI-Richtlinie 2221 (1993-2005): „Methodik zum Entwickeln und Konstruieren technischer System und Produkte". Beuth Verlag

VDI-Richtlinie 3633 (1993-2012): „Simulation von Logistik-, Materialfluss- und Produktionssystemen", Blatt 1. Beuth Verlag

Verl, Alexander (2009): „Baukastenbasiertes simulationsgestütztes Engineering" [Artikel]. In: A&D-Kompendium 2009/2010, S. 32-34

Verworn, Birgit (2005): „Die Frühen Phasen der Produktentwicklung" [Dissertation]. Springer Fachmedien Wiesbaden

Verworn, Birgit; Herstatt, Cornelius (2005): „Die Hebelwirkung der frühen Innovationsphasen" [Artikel]. In: wissenschaftsmanagement 2, März/April 2005, Seite 17-19

Verworn, Birgit; Herstatt, Cornelius (2000): „Modelle des Innovationsprozesses" [Working Papers]. In: Arbeitspapier Nr. 6, Technologie- und Inoovationsmanagement, Technische Universität Hamburg-Harburg

Wallentowitz, Henning; Freialdenhoven, Arndt (2010): „Strategien zur Elektrifizierung des Antriebsstranges", 2.Auflage. Wiesbaden: Vieweg+Teubner

Wildemann, Horst (2007): „Entwicklungspartnerschaften in der Automobil- und Zulieferindustrie", 5. Auflage. München: TCW Transfer-Centrum-Verlag

Wildemann, Horst (2008): „Komplexitätsmanagement: Komplexitätsmanagement in Vertrieb, Beschaffung, Produkt, Entwicklung und Produktion", 9. Auflage. München: TCW Transfer-Centrum-Verlag

Wimmer, Andreas (2002): „Analyse und Simulation des Arbeitsprozesses von Verbrennungsmotoren". VDI-Verlag

Wirtschaftspressekonferenz 21. März 2012, Berlin

Wyman, Oliver (2007): „2015 car innovation. Innovationsmanangement in der Automobilindustrie" [Studie]

Zirn, Oliver (2002): „Modellbildung und Simulation Mechatronischer Systeme". Expert-Verlag

Zollondz, Hans-Dieter (2011): „Grundlagen Qualitätsmanagement. Einführung in Geschichte, Begriffe, Systeme und Konzepte", 3. Auflage. München: Oldenbourg Wissenschaftsverlag

Internetquellen

https://www.acel.ch, Zeitpunkt des Abrufs

https://www.avl.com/home, Zeitpunkt des Abrufs: 08.08.2013

http://www.bmw.de/de/neufahrzeuge/bmw-i/i3/2013/start.html, Zeitpunkt des Abrufs 20.08.2013

http://de.pons.eu/latein-deutsch/modulus, Zeitpunkt des Abrufs 05.08.2013

http://www.duden.de/rechtschreibung/System, Zeitpunkt des Abrufs 01.08.2013

http://www.duden.de/rechtschreibung/Inselloesung, Zeitpunkt des Abrufs 09.08.2013

http://www.ipg.de/, Zeitpunkt des Abrufs 08.08.2013

http://www.spiegel.de/politik/ausland/italiens-kompliziertes-wahlsystem-sie-nennen-es-schweinerei-a-885532.html, Zeitpunkt des Abrufs 01.08.2013

http://www.tesis-dynaware.com/, Zeitpunkt des Abrufs 05.08.2013

http://www.tlk-thermo.com

http://www.v2c2.at/

http://www.mathworks.de, Zeitpunkt des Abrufs: 31.07.2013

http://www.micronova.de, Zeitpunkt des Abrufs 05.08.2013

http://www.ingenieur.de/Branchen/Maschinen-Anlagenbau/Entwicklung-fuer-Automobilzulieferer-Kernkompetenz, Zeitpunkt des Abrufs: 09.08.2013

http://oica.net/category/economic-contributions/facts-and-figures/, Zeitpunkt des Abrufs: 05.04.2013

http://oica.net/category/production-statistics/, Zeitpunkt des Abrufs 06.03.2013

http://www.oica.net/category/economic-contributions/auto-jobs/, Zeitpunkt des Abrufs 06.03.2013

http://www.3ds.com/, Zeitpunkt des Abrufs 19.08.2013

http://www.berlin-institut.org/, Zeitpunkt des Abrufs 20.08.2013

https://www.car2go.com/, Zeitpunkt des Abrufs 20.08.2013

https://www.flinkster.de/, Zeitpunkt des Abrufs 20.08.2013

http://www.daimler.com/technology-and-innovation/mobility-concepts/car2go, Zeitpunkt des Abrufs 21.08.2013

http://www.sueddeutsche.de/auto/rueckrufaktionen-pfusch-ab-werk-1.16544-2, Zeitpunkt des Abrufs 12.09.2013

http://www.ftd.de/karriere/management/:enable-zwergenaufstand/3312.html, Zeitpunkt des Abrufs 02.09.2013

Anhang

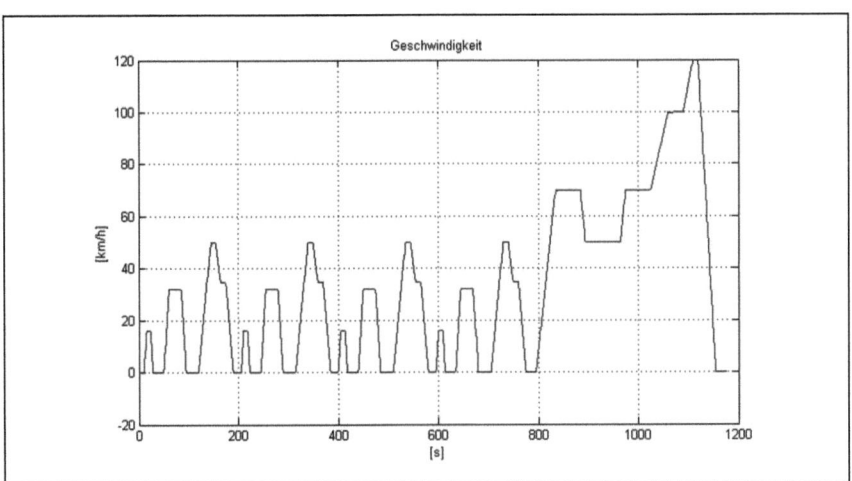

Abbildung 69: Geschwindigkeitsprofil NEFZ

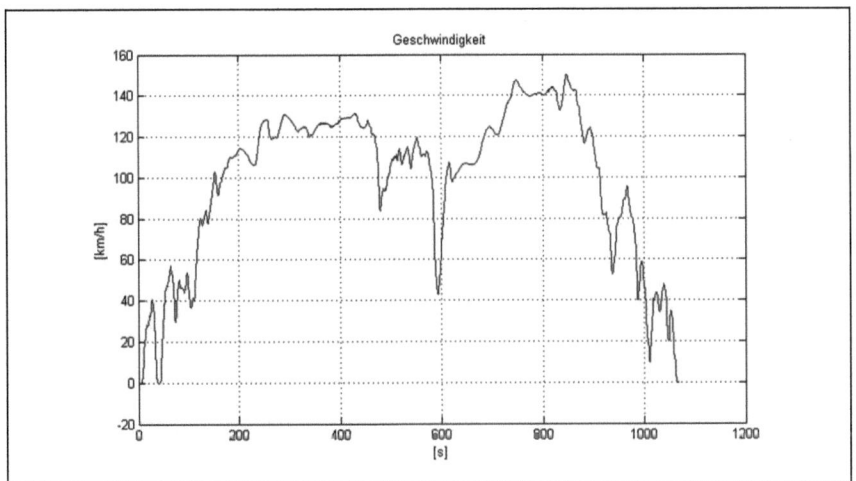

Abbildung 70: Geschwindigkeitsprofil Artemis 150[1]

---

[1] Artemis 150 und Artemis Motorway sind dieselben Zyklen

	MIX
	Papier aus verantwortungsvollen Quellen
	Paper from responsible sources
FSC www.fsc.org	FSC® C105338

If you have any concerns about our products,
you can contact us on
ProductSafety@springernature.com

In case Publisher is established outside the EU,
the EU authorized representative is:
Springer Nature Customer Service Center GmbH
Europaplatz 3, 69115 Heidelberg, Germany

Printed by Libri Plureos GmbH
in Hamburg, Germany